農学・生命科学のための
学術情報リテラシー

齋藤忠夫
編著

阿部敬悦　阿部直樹　有本博一
遠藤宜成　小野寺毅　北澤春樹
安江紘幸　渡辺正夫
著

朝倉書店

執筆者一覧

*齋藤 忠夫	東北大学大学院農学研究科 生物産業創生科学専攻・教授	(1.1節, コラム)
有本 博一	東北大学大学院生命科学研究科 分子生命科学専攻・教授	(1.2節, 3.4節)
小野寺 毅	宮城教育大学附属図書館図書館 情報管理担当	(1.3節, 2章, 付録)
北澤 春樹	東北大学大学院農学研究科 生物産業創生科学専攻・准教授	(3.1節)
遠藤 宜成	東北大学大学院農学研究科 応用生命科学専攻・教授	(3.2節)
安江 紘幸	東北大学大学院農学研究科 資源生物科学専攻・助教	(3.3節)
渡辺 正夫	東北大学大学院生命科学研究科 生態システム生命科学専攻・教授	(3.5節)
阿部 敬悦	東北大学大学院農学研究科 生物産業創生科学専攻・教授	(3.6節)
阿部 直樹	東北大学大学院農学研究科 生物産業創生科学専攻・助教	(3.6節)

(執筆順. *は編著者.)

はじめに

　大学での勉強は，高校までの学習とは異なり，主体性や能動性が特に重視されます．大学では自ら問いやテーマを発見し，その課題に対して調査や研究，実験などを行い，確かな論拠に基づいて，客観的で独創的な答えや結論をすみやかに提示することが求められます．

　しかし，独自の問題意識や意見を持つためには，これまでに発表された研究論文や情報を調査し，その内容を正確に理解することが重要です．どこまでが明らかにされ，どこからが未知であるのか，という自分の正確な研究のスタートポイントを把握することが重要です．文献検索の作業は，科学全体のナビゲーションシステムにおいて自分の位置をGPSで正確に知るようなものかもしれません．はじめの文献検索が肝心です．

　地球は広いですから，自分と同じような研究動機や研究をしている研究者が必ずいると考えてもおかしくはありません．最先端の学問の世界では，プライオリティー（優先権）が最も重要です．誰よりも先に新しい研究成果を発表することが必要となります．自分が研究しようとするテーマに関して，先行する学術的な研究論文を的確に探し出し，すでに誰かが研究していないかどうかをしっかり確認する必要があります．そのためには，学術論文を調査する知識と技能の習得が必須となりますが，多くの学生はその訓練を高校までの学習ではまったく受けていません．大学図書館では学問研究を目指す学生のために情報探索ツールをたくさん用意しており，それらを使いこなす学習も必須です．

　私の調べた範囲では，農学や生命科学の分野研究者に最適の文献調査法（学術情報リテラシー）に関する書籍がないことに気づきました．そこで，農学研究科と生命科学研究科の大学教員により，学生・大学院生そして研究者に少しでもお役に立てればという気持ちで本書をまとめました．まず第1章では学術文献の定義や学術情報リテラシーの必要性，および図書館の位置づけと利用法について学べます．続く第2章ではインターネットを用いた情報検索システムを学べ，第3章には各専門分野での文献検索の実際のノウハウが満載されています．最後に付録として学術情報データベースの資料を配し，皆さんの農学および生命科学分野の学術研究がスムーズに開始できるように配慮したつもりです．本書により迅速正確な網羅的な情報探索が可能となり，将来においてノーベル賞受賞者が一人でも多く輩出できることを祈念しています．

2011年8月

著者を代表して　齋藤　忠夫

目　　次

第1章　学術情報リテラシーと図書館 ………………………………………………… 1

1.1　学術文献とはなにか ……………………………………………………… [齋藤忠夫] … 1
1.1.1　学術情報の概念 …………………………………………………………………… 1
1.1.2　学術情報の流れ …………………………………………………………………… 1
1.1.3　学術情報の種類と区分 …………………………………………………………… 2
1.1.4　学術文献の様式 …………………………………………………………………… 2
1.1.5　学術雑誌の種類と概要 …………………………………………………………… 3
1.1.6　学術論文の重要性と概要 ………………………………………………………… 4
1.1.7　原著論文の構成 …………………………………………………………………… 4
1.1.8　ジャーナルについての基礎知識 ………………………………………………… 5

1.2　情報リテラシーの必要性 …………………………………………………… [有本博一] … 7
1.2.1　なぜ情報リテラシーが受けるのか ……………………………………………… 7
1.2.2　質の高い情報を得るために ……………………………………………………… 7
1.2.3　情報の使い方 …………………………………………………………………… 10

1.3　図書館の役割と学術情報流通の変化 ……………………………………… [小野寺毅] … 11
1.3.1　図書館とは ……………………………………………………………………… 11
1.3.2　大学図書館の役割とサービスの変化 ………………………………………… 12
1.3.3　今後の展望 ……………………………………………………………………… 19

第2章　インターネットを用いた情報検索方法 ………………………………… [小野寺毅] … 21

2.1　学術情報検索法の変化 ………………………………………………………………… 21
2.2　情報検索の基礎 ………………………………………………………………………… 22
2.2.1　情報検索の方法 ………………………………………………………………… 22
2.3　学術情報データベースの利用方法（Web of Science・PubMed の使い方）… 25
2.3.1　Web of Science ………………………………………………………………… 25
2.3.2　PubMed ………………………………………………………………………… 28
2.4　おわりに ………………………………………………………………………………… 35

第3章　農学・生命科学分野での文献検索の実際 …………………………………… 37

3.1　食品科学分野の文献調査法 ………………………………………………… [北澤春樹] … 37
3.1.1　食品科学分野に関連する学術団体 …………………………………………… 37

| 3.1.2　食品科学関連の文献（特許を含む）検索および成分検索 ………………………………… 42
| 3.1.3　文献整理およびその活用 ……………………………………………………………………… 48
| 3.1.4　おわりに ……………………………………………………………………………………… 50
| **3.2　水産科学分野の文献調査法** ……………………………………………………［遠藤宜成］… 51
| 3.2.1　海洋学 ………………………………………………………………………………………… 51
| 3.2.2　海洋生物一般 ………………………………………………………………………………… 52
| 3.2.3　プランクトン ………………………………………………………………………………… 55
| 3.2.4　海　藻 ………………………………………………………………………………………… 57
| 3.2.5　水産学的重要種 ……………………………………………………………………………… 57
| 3.2.6　遺伝情報 ……………………………………………………………………………………… 59
| 3.2.7　魚貝類の成分 ………………………………………………………………………………… 61
| 3.2.8　魚貝類の病気と外来種 ……………………………………………………………………… 62
| **3.3　農業経済学分野の文献調査法** ……………………………………………………［安江紘幸］… 63
| 3.3.1　農業経済学分野の文献の特徴 ……………………………………………………………… 63
| 3.3.2　文献の見つけ方 ……………………………………………………………………………… 64
| 3.3.3　文献の集め方 ………………………………………………………………………………… 66
| 3.3.4　文献の使い方 ………………………………………………………………………………… 69
| 3.3.5　情報リテラシーということ ………………………………………………………………… 72
| **3.4　有機化学分野の文献調査法** ………………………………………………………［有本博一］… 74
| 3.4.1　有機化学分野の特徴 ………………………………………………………………………… 74
| 3.4.2　日々の実験に必要な調査 …………………………………………………………………… 74
| 3.4.3　最新研究をフォローし，研究構想を練るための情報検索法 …………………………… 78
| 3.4.4　データベースでヒットしない＝この反応は上手く行かない？ ………………………… 83
| 3.4.5　まとめ ………………………………………………………………………………………… 84
| **3.5　植物科学分野の文献調査法** ………………………………………………………［渡辺正夫］… 84
| 3.5.1　文献探索と活用 ……………………………………………………………………………… 85
| 3.5.2　植物遺伝資源，遺伝子，ゲノム情報の探索と活用 ……………………………………… 89
| 3.5.3　実験技術探索と活用 ………………………………………………………………………… 92
| 3.5.4　論文作成過程での情報探索とさまざまなツール ………………………………………… 93
| 3.5.5　その他の情報探索とさまざまなツール …………………………………………………… 95
| 3.5.6　おわりに ……………………………………………………………………………………… 97
| **3.6　微生物学分野の文献調査法** …………………………………………［阿部敬悦・阿部直樹］… 99
| 3.6.1　Web を利用した文献データベース検索 …………………………………………………… 99
| 3.6.2　興味の対象（キーワード）が決まっていない場合（文献ブラウズ）………………… 102
| 3.6.3　微生物関係情報検索に便利なサイト，ツールの紹介 …………………………………… 103
| 3.6.4　おわりに ……………………………………………………………………………………… 107

付録資料：学習・研究に役立つオンラインツール ……………………………………［小野寺毅］… 109

索　　引 ………………………………………………………………………………………………… 120

〈コラム〉

- 研究者は年間いくつの報告を書くの？ ……………………………………… 3
- 学術論文の査読制度とは？ …………………………………………………… 6
- 大学蔵書数と科学雑誌の数はパラレル？ …………………………………… 16
- ノーベル賞受賞者を事前に予想できる？ …………………………………… 18
- PubMed Central とは ………………………………………………………… 30
- 科学における不正行為 ………………………………………………………… 36
- Publish（出版）or Perish（滅ぶ）かの選択とその弊害 …………………… 61
- インパクトファクターの波紋 ………………………………………………… 98
- 2010年大学ランキングと学術論文の評価 …………………………………107

第 1 章
学術情報リテラシーと図書館

1.1 学術文献とはなにか

1.1.1 学術情報の概念

「学術論文」とは，ある研究題目（テーマ）について論理的な手法でその研究成果の全体について書き示した文章を指している．自然科学分野における学術論文を科学論文と呼ぶこともある．学術論文では，一般的には研究者自身の研究成果を発表する「研究論文」が主であるが，他の研究者の研究成果などを整理してまとめて発表する「紹介論文」もある．

学術論文などの学術文献は，「学術情報（scientific information）」の表現様式の1つであり，それらは研究者の研究活動全体においてきわめて重要な部分を占めている．研究の開始時において不可欠な文献検索は，まさに科学的な学術論文などの学術情報に対する情報収集であり，その研究においてこれまでに明らかとなった知見の蓄積内容を整理して理解し，新たな情報の更新や追加により知識量は蓄積され，次の研究活動への準備となる．そして，その知識はさらに調査や実験などの研究活動を経て情報が更新蓄積され，最終的に学会発表や論文執筆が行われ，これらを利用する研究者の新たな研究の生産過程へと発展増幅する．すなわち，「科学者は学術情報の利用者であるとともに，学術情報の生産者ともなる」といえる．

研究者が得た真実や理論の学術情報は，迅速かつ正確に第三者に伝達される必要がある．すなわち，その研究成果を得るに至った経緯や過程，得られた結果，およびそれらに対する意見や考察を含めて，速やかに公開されるべきである．一連の研究過程の中で，これらの情報伝達の流れは「学術情報のコミュニケーション」とも表現でき，この研究成果の速やかな伝達は，前半の文献調査や実験と同じ程度の大きな比重があると考えられる．すなわち，実験研究から得られた学術情報の公開は，研究者が迅速正確に行わなくてはいけない「義務の1つ」として位置づけられよう．

1.1.2 学術情報の流れ

学術情報の流れは，生産，流通，消費および利用などの各ステップがあり，一般の商品が市場に流通する過程とよく似ている．しかしながら，学術情報は商品の消費形態のように減少したり消失することはなく，流通過程の間に伝達利用され，知識として蓄積されて新たな情報（論文など）が創造されるようになる．

Atherton（1977）の概念によると，学術情報の生産者およびその利用者も，じつはともに同じ研究者という集団に属しており，1人の研究者は情報生産者でもあり，情報利用（消費）者でもあることになる（図1.1）．

情報の生産者

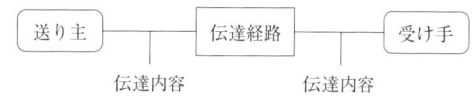

情報の利用者

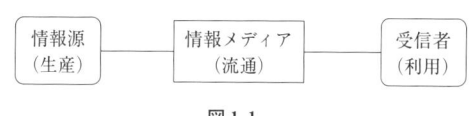

図1.1

このような情報伝達は，論文発表などによる公式的な伝達（formal communication），および研究者どうしの私信（personal communication）のような非公式な伝達（informal communication）とに分けられる．公式的な伝達では，学術論文や書籍などの出版物と，特許や学位論文などの非出版物に分けられる．非公式的な伝達情報も，その一部は公式的な伝達に組み込まれるものもある．

非公式的な伝達では，個人間での情報伝達が行われ，このような形態は見えざる大学（invisible college），これらの伝達を行う研究者集団をゲートキーパー（gatekeeper）と呼ぶこともある．これらの情報は私信的な要素が強く，速報性は高いが，客観的な評価がないために普遍性がない場合が多い．両者の情報伝達速度を比較すると，その伝達速度が大きく異なっているために差異（タイムスパン）は大きい．

たとえば，学術論文は原稿を作成し，科学雑誌の編集委員会に投稿し，査読が開始される．後日到着した査読者のコメントに基づいて数回の修正などのやり取りがあり，最終原稿が編集委員会に受理されてから，順番に従って学術雑誌に印刷掲載される．その後，学会や出版社から取次店や書店を通して発送されるので，一般に通常の論文であれば半年から1年経ってからの情報公開となる場合が通常である．ただし，きわめて緊急に報告する必要性が認められた論文には，速報（rapid paper）のような形で投稿してから数週間で印刷される場合もある．また，最近では，紙媒体としての学会誌に加えて，インターネット上で読むようなオンラインジャーナル（e-ジャーナル）も普及してきており，実際の雑誌の印刷に先行して，印刷中の雑誌の内容が事前公開される場合もあり，迅速化の報告性で確実に変化してきている．

一方，学会発表などの講演概要を簡単に記した講演要旨は，学会や出版社によりまとめられるが，査読というプロセスを経ていないので，迅速に印刷され，講演要旨集（プロシーディング）として数ヶ月で発行される．博士論文，修士論文，学士論文などの学術情報は，印刷製本されて図書館やその研究室に保管されるが，博士論文では5年，修士論文では2年，学士論文で1年後に初めて全体をまとめての印刷製本となるので，当然であるが時差が生じることになる．ただし，これらの学術論文自体が印刷物として流通することはない．海外では，博士論文などがビジネス対象となり販売されている場合もあるが，一般的ではない．また，学位論文の場合は，研究成果の一部は，実験が終了した段階で学術論文として投稿される場合が多く，それが義務づけられている場合もある．

1.1.3 学術情報の種類と区分

学術情報の中に，学術文献がある．学術文献と，一般的な雑誌と書籍情報との区別を理解する．最新のオリジナルの論文などの情報が掲載されている一次文献（資料）と，この文献を検索するための二次文献（資料）に区分される．

【一次文献】

①学術雑誌（scientific journal）： 学会誌，大学紀要，研究機関報告書，技術レポート，学会講演要旨集など原著研究論文（original paper）を掲載している刊行物．

②学位論文（dissertation）： 博士論文，修士論文，学士論文（卒業論文）など．

③特許文献（patents materials）： 特許公報，公開特許公報などの特許情報．

【二次文献】

①抄録誌（abstract journal）： 抄録の収録誌．

②探索誌（retrieval journal）： 索引誌（index journal），目次速報誌（contents journal）など．

③総説（review journal）： 総説誌，年次報告書など．

④学術図書（scientific books）： 学術専門書，教科書，学術参考書，解説書などの学術単行書（monographs）など．

⑤参考図書（reference books）： 辞典，事典，便覧，ハンドブック，データ集など．

1.1.4 学術文献の様式

学術文献は，紙に印刷された雑誌や書籍に限ら

① 活字印刷： 鮮明な点は良いが，発行されるまでに時間と費用がかかる．
② 写真印刷： 目次速報誌や講演予稿集などは写真印刷（オフセット印刷）が多い．原稿はそのまま印刷され短時間に発行されるが，訂正が不可能である．
③ ミニプリント： 図表などを縮小印刷し，1ページに数枚まとめて写真印刷してある．読者は，情報を拡大コピーして利用する．かつて生化学の有力学術雑誌 J. Biol. Chem. でも採用されていたが，その後不評で中止された．
④ オンラインジャーナル： 図書館，大学などの団体，あるいは個人で出版社と購読契約し，原著論文の電子ファイルをインターネットを通してダウンロードする．ダウンロードしたファイルを見るには，ファイル形式に応じた専用ソフトウエア（たとえば PDF ファイルならアクロバットリーダー等）が必要．
⑤ CD-ROM： 辞書，事典，データベースなどの大量情報は，パソコンで読み出せるようにCD（Compact Disc）-ROM（Read only Memory）化されている．かつて MEDLINE などの著名な二次文献情報は高価な CD で販売され，当時著者らは一部の購入部局（医学部等）まで閲覧に行かねばならなかった．現在は，職場内の PC から自動認証でアクセス利用可能．
⑥ その他： 学会講演を収録したカセットテープ，ビデオ，DVD も販売されている．速報性のきわめて高い情報源であるが，非常に高価．

1.1.5 学術雑誌の種類と概要

① 学術雑誌（ジャーナル：scientific journal）： 定期刊行物（periodical materials）の一種で，研究報告をはじめ多くの情報が掲載される．学会の出す学協会誌と，出版社の出す商業誌の2種がある．学協会誌は「学会誌」とも呼ばれ，分野別の学会や協会など社団法人格の非営利団体である学術団体が発行している雑誌である．学会誌は基本的に，その学会の会員が投稿した研究論文を審査し，合格した論文のみが掲載される（学会の非会員が第一著者（first author）

●コラム● 研究者は年間いくつの報告を書くの？

　研究者の重要な作業の1つに，自身の調査や研究の成果を学術論文としてまとめ，学会誌や商業誌などに投稿し，受理されて掲載されることがあります．
　1999年10月の科学技術庁の調査によりますと，1年間に執筆した論文の数（本数と呼ぶこともあります）が1報未満の国内研究者は26.4％もおり，じつに「4人に1人が書いていない！」という厳然たる事実があるようです．組織別にみると，大学で12.6％，国立研究所などで22.7％，民間企業ではじつに51.6％でした．科学技術庁の予想では，年間に3〜5報は書いていると考えていたようです．一方では，年間に10報以上も多くの論文を出している研究者もおり，「評価の対象となるのは主に論文の数」であると，質より量を重視している研究者が多いのも現実です．1つのフルペーパーを2つのノートに分けて，1報を2報にする手法も，耳にしたことがあります．
　最近では，論文の投稿された雑誌のインパクトファクター（IF）や，どのくらいその論文が他の研究者により引用されたか（引用回数），という「量」ではなく「質」で論文評価をする方向性にあるようです．実際に大学や研究所の研究内容を評価する学部評価制度の導入では，この「質」で論文を評価することで90％以上の委員が賛成していますが，具体的な評価基準（物差し）はまだ決まっていません．よく Nature（英国）や Science（米国）などの超有名なジャーナルに掲載されると，それだけで大きなニュースとなるのがまだ日本の現状だと思います． 〔齋藤忠夫〕

の論文は受理しない，あるいは共著者に非会員が入る場合には有料となる等のシステムをとっているケースが多い）．欧米では，著名な研究者らを編集委員にし，世界中より投稿される原著論文を審査・編集して発行する商業誌が多く出版されている（例：オランダの Elsevier 社など）．

②大学紀要，研究機関報告書： 各大学や研究機関では，定期的に刊行する学術雑誌を出すことが義務づけられている．内容は，原著論文や総説がおもな内容である．執筆者は通常は当該部局の構成メンバーであるため，論文審査は行われない場合が多い．または，教授を経由することで，簡易審査が終了していると判断される．そのため，一般的には審査雑誌（次項参照）から外れる場合が多い．国公立大学の法人化後はこのような雑誌を活発に出しているかどうかが大学評価の対象となり，位置づけが変わってきているものの，業績としてはカウントされないことが多い．

1.1.6 学術論文の重要性と概要

a. 原著論文

学術雑誌の刊行目的は，原著論文（original paper）の掲載と公開である．すべての研究成果は，必ず論文形式のスタイルを踏んで活字情報による報告をする必要がある．この形式を踏まないと，研究は完結したことにはならない．また，研究者としても原著論文がないと認められない．研究はこのように自己完結的な側面が強い．

b. レフリー制度

多くの学会誌では，論文審査制度が確立しており，投稿されてきた論文の価値判断を公正に行っている．このような雑誌はレフリー・ジャーナル（referee journal）と呼ばれる．この雑誌では，複数の研究機関に所属する委員により編集委員会が設けられ，投稿論文を複数の審査委員（レフリー）により審査し，掲載の可否を決定している（p.6 のコラム参照）．学術雑誌であっても，大学紀要，研究機関報告書，学位論文，講演予稿集などはレフリー・ジャーナルには含めない．

c. 原著論文の種類

一般論文は通常はフルペーパー（full paper）を指し，単にペーパーと呼ぶときもある．これは完全な論文の形式（表題，緒言，材料，方法，結果，考察，謝辞，引用文献，要約）を踏んでいる．ノート（note）とは，フルペーパーよりも簡単な形式で記述されているレポートであり，フルペーパーより格下に考えられることもある．速報（rapid paper）は，より早い論文の掲載がなされ，緊急性の高い論文である．フルペーパー執筆の際には，再録することが許されているので，重視しない場合もある．米国の *Science*，英国の *Nature* といった超一流誌には，編集者に手紙形式で書かれるレター（letter）またはコミュニケーション（communication）が数多く掲載されており，これらが該当する．

1.1.7 原著論文の構成

フルペーパーの原著論文は，以下のような，決まった要素からなる記述形式を守って書かれている場合が多い．一方，フルペーパー狙いで投稿したが，ノート（前項参照）に書き直しを指示される場合もある．ノートでは，一般的に要旨がなく，本文の内容が各項目に分けて書かれていない「1つの連続した文章」となっている場合が多い．

a. フルペーパーの構成

①表題（title）： 魅力的な題名をつけることが大切．

②著者名（author's name）： 順番がとても重要となる．たとえば「X & Y」は同格だが，「X, Y, and Z」だと first author の X が一番重要と解釈されるだろう（この書き方だが X と Y がほぼ同じ寄与率であるむねを注記する場合もある）．

③所属機関名（institution）： 複数の研究機関がある場合は，著者名の後に上付きで数値（記号）を振り，研究機関にも同じ数値（記号）を振って整合性を持たせる．

④要旨： ない場合や，本文の後ろに入る場合も

ある．サマリー（summary）は論文の目的，方法，結果を簡潔に集約したもの．またアブストラクト（abstracts）は内容をまとめた抄録で，論文概要がわかる．シノプシス（synopsis）は論文目的や方法がまとめてあり，結果が書かれる場合もあるので，区別をしっかり理解する．

⑤ 本文（text）： 本文は「緒言」+「材料と方法」+「結果と考察」で構成される場合と，「緒言」+「材料と方法」+「結果」+「考察」の場合がある．著者がどちらのスタイルを選択してもよい場合が多いが，その雑誌の投稿規定（authors index, authors manuals）を参照して書く．

⑤-1 緒言（introduction）：研究の背景，著者らの研究の経緯と特徴，本研究を実施しようとした動機，研究の意図と最終目標などを書く（どこまで解明され，どこが残っているのかを明確に書く）．

⑤-2 材料（materials）：本研究で使用した材料・資材等の情報（たとえば，微生物ならば分譲機関・菌株名・番号など，実験動物ならば動物種・入手先・遺伝学的特徴など，化学薬品ならば薬品名・試薬製品番号・製造メーカーなど）を書く．

⑤-3 方法（methods）：後から他の研究者が正確な追試験が可能なように，できるだけ詳細に書く．ただし，前と同様の方法を用いる場合には，単に前報を引用するか，前報よりははるかに簡単に記述して誌面を節約する．

⑤-4 結果（results）：実験で得られた結果を，客観的に図および表を示しながら，詳しく書く．

⑤-5 考察（discussion）：結果から導かれる研究結果の解釈を，自分のこれまでの実験結果や他の研究者の結果と対比させて論議を行った経緯を書く．最後に，研究に関する今後の目標や夢を語ってもよろしい．

⑥ 謝辞（acknowledgement）： 謝辞を加える場合もある．相談や助言をいただいた人物の名前や，研究費をもらった団体や機関名が書かれる．文部科学省やJSPSからの科研費は，その種別と番号を記載することが義務づけられている．

⑦ 引用文献（references）： 本文中に引用した文献は，必ず最後の引用文献一覧の部分に書く．形式は雑誌ごとに決められていて千差万別であるが，引用文献の主著者名，掲載雑誌名とその巻数（号数），ページ数（はじめのページのみ示す場合と，はじめのページと終わりのページの両方を示す場合の両様ある），発行年は少なくとも記載される．現在では文献の編集を行うEndNoteなどの便利なソフトも出現して対応が楽になってきている．

1.1.8 ジャーナルについての基礎知識

a. ジャーナルの巻号と記述方法

英語の雑誌では，巻（volume；略号 Vol.），号（number；略号 No.），ページ（p., pp.），刊行年，の順番に記述することが多い．たとえば，「**18**（9），1135-1139（2003）」と書く（巻数は太字（ボールド体）にする場合が多い）．また，「**18**（9），1135-9（2003）」と表記する場合や，さらに，「**23**（4）：246-257（2002）」「**18**（9），（2003）1135-1139」などの場合もあるので注意する．

b. ジャーナルの発行時期

① 週刊（Weekly）： *Nature*（UK），*Science*（USA）など

② 隔週刊（Fortnightly）： *FEMS Microbiology Letters*（UK）など

③ 月2回刊（Semi-monthly）： *Journal of Immunological Methods*（USA）など

④ 月刊（Monthly）： *Journal of Dairy Science*（USA）など．多くの雑誌はこのタイプである．

⑤ 隔月刊（Bi-monthly）： *The journal of Parasitology*（USA）など

⑥ 季刊（Quarterly, Seasonally）： *Bulletin de L'Institut Paster*（France）など

⑦ 年2回刊（Semi-annual）： *Actinomycetologica*（Japan）など

⑧ 年刊（Annual）： *Annual Review of Microbiology*（USA）など

⑨隔年刊（Biennial）： *Research in Virology*（France）など

c. ジャーナルの購読料

個人会員での場合は，だいたい年会費として8000〜15000円くらいが多い．最近では，ネット上での購読のみで冊子体なしの契約，ネット閲覧に加えて冊子体は別料金を支払うと郵送される契約，等もある．また，図書館や会社などの法人購読契約などでは，非常に高く数十万から数百万円となる．

d. ジャーナル中でよく用いられる略語・表記

【本文中の常用略語】

ca.： circa（およそ）

cf.： confer（比較）

e.g.： exempli gratia（たとえば）

et al.： et alii（その他，その他の著者）

ib.： ibidem（同じ雑誌に）

ibid.： ibidem（同誌）

【引用文献に関する表記】

in press： 論文を印刷中，この段階であれば巻号と年号を書ける．

submitted for publication or in submission： 論文を投稿中，アクセプトされるかどうかは不明の段階，まだカウントの対象外．

to be published： 論文を投稿予定，まだ投稿していない，書かないか，出さない可能性も否定

●コラム● 学術論文の査読制度とは？

　学術雑誌に掲載される学術論文の多くは，「査読制度（レフリー制度）」によって内容が審査され，掲載の可否の判断が行われます．研究者の業績評価においては，査読のある論文と，査読のない論文を区別することが通例です．

　この制度は，著者にはその名前を伏せておく「査読者（レフリー，レビュアー）」によって論文の内容について審査を行い，掲載（アクセプト），修正後に掲載，再査読，掲載拒否（リジェクト）などの判定を行うものです．何度かの修正のやり取りを経て掲載される場合は，投稿から掲載まで1年以上を要する場合もあります．したがって，修士課程（2年）の大学院生などの場合は，在学中に論文の掲載を祝えずに卒業（修了）してしまう場合が多いのです．

　ごくまれに，同じ論文を2つ以上の雑誌に投稿する研究者がおり，この「二重投稿」は研究者としては絶対に行ってはいけない行為です．ただし，1つの雑誌に掲載を拒否された論文をさらに補強修正した後，それを別の学術雑誌に再度投稿することは，まったくモラル違反ではなく多くの研究者がそうしています．

　一般に，査読制度の厳しい雑誌では，査読者と編集者とのやり取りの戦いに勝ち，掲載まで漕ぎつけた論文は高い評価を受けることになります．著名なジャーナルの査読者はすぐれた研究者が多いので，一度これらの雑誌に投稿してたとえばリジェクトされても，たいへんに参考になる詳細な査読結果（コメント）をいただけるので，おおいに著名雑誌に投稿すべきだと思います．

　一方，査読者に指名される者は，当該論文の分野における専門家であるために，論文の執筆者とはライバル関係にあることもよくあります．そこで，最近の雑誌では，投稿時の段階に「査読してもらいたくない研究者」名やぜひ査読してもらいたい研究者名を記入することも一般化しています．

　査読にあたって故意にライバルの論文掲載を妨害したり，掲載拒否の判定をして時間を稼ぎ，その間に査読した論文から得られた知識をもとに自分の論文として先に発表してしまうという信じられない行為が発生することもごくまれにあると聞きます．すぐれた査読者も人間の子であるということでしょうか？

〔齋藤忠夫〕

できない．

under preparation： 論文を投稿予定，今後の採択次第ではアクセプトかリジェクトかは不明．

personal communication： まだペーパーにしていない内容の私信など． 〔齋藤忠夫〕

参考文献

1) 扇元敬司・伊藤敏敏 (1994)：学術情報の上手な仕上げ方，川島書店．
2) Anthony, T. Tu. (1986)：アメリカでも一流校は狭き門，化学同人．
3) ウィリアム・ブロード，ニコラス・ウェイド著・牧野賢治訳 (2006)：背信の科学者たち，講談社．
4) 東北大学附属図書館編 (2008)：東北大学生のための情報探索の基礎知識（基本編），東北大学附属図書館．
5) 大江和彦編 (1995)：医師・医療関係者のためのインターネット，中山書店．
6) 佐藤憲一・川上準子著 (1999)：薬学系のための情報リテラシー，共立出版．
7) 神戸宣明監修・時実象一著 (2002)：インターネット時代の化学文献とデータベースの活用法，化学同人．

1.2 情報リテラシーの必要性

1.2.1 なぜ情報リテラシーが受けるのか

いまの大学生や大学院生は，小学校からインターネットに慣れた世代である．検索エンジンを使った調べものなどはすでにできる．本書の主題である情報リテラシーが，インターネット関連の最新のテクニックに尽きるのであれば，若い世代に筆者が述べることは何もない．それでも，実際にはリテラシー教育に対するニーズが強く存在している．

大学入学とともに，学びの性格が大きくかわることも背景にあろう．高校までの勉強は，教科書や授業で範囲が規定されている．ランチに例えれば「給食型」である．質やバランスも充分に吟味されたものが他者から提供されるため，本人は特段工夫すべきことはない．授業で提供されるものを身につければよいだけだ．大学入学以降の勉強は違う．いわば「カフェテリア方式」である．メニューの質，量，コストまで，本人が自主的に判断して選択しなくてはならない．選択には知識や経験がものをいう．この項では，その手ほどきを試みる．

学生や若い社会人の方が望んでいるリテラシー教育を推し量ると，次の2点に集約されるだろう．
①質の高い情報を得たいが，どこで手に入れたらよいかわからない．
②情報を使う方法がよくわからない．
学部の上級になり，研究や仕事に従事し始めると，検索エンジンによる漫然とした情報検索の限界が目立つようになるからだ．

本項では，この2点に絞って何を成すべきか概説することにしよう．

1.2.2 質の高い情報を得るために

a. 新鮮な学術情報を得るにはどうするか

情報の質の第一は，情報の鮮度と思われる．サイエンスの先端は，日進月歩である．いま何が問題になっているのか？ いま，どこまで分かってきたのか？ 研究に携わるものなら誰でも強い興味がある．特に発展が速い研究分野においては，情報入手の速度が研究の成否に影響することすらある．

そこで，活きのよい学術情報が，どこにあるのかを考えてみよう．インターネットを上手く使うと探せるのだろうか？ 最初から，がっかりさせて本当に申し訳ないが，最も新鮮なアイデアや実験結果などの学術情報は，Web上にはないというのが筆者の結論だ．

たとえば，ある研究者が突然素晴らしいアイデアを思いついたとしよう．彼/彼女は多分オフィスを飛び出し，身内の人間に興奮してアイデアを聞かせるだろう（ここでいう身内は研究室の学生さんだったりするが，とにかく，ちょっとぐらい，変わったことを言っても怒ったり，あきれたりし

ない人たちのことである）．実験科学の分野では，こういった興奮はボスのものではなく，実際に実験する大学院生や研究員が独り占めしている．思いもよらない新しいことは，しばしば試験管のなかで起きるからだ．この記念すべき発見は，通常，隣の実験台で実験している人当たりのよい学生/研究員に伝えられる．「おい，なんか変なことが起こったぞ！」と．

興奮の源が生まれた場所にかかわらず，新鮮で重要な情報は，ごく限られた仲間内で密かに共有されている．「一晩よく寝て，落ち着いて考えたら，大した発見ではなかった」というケースもあるが，翌日考え直してもすごいぞ，ということになれば，発見（＝学術情報）は本物である．大学の研究室であれば，この成果はグループミーティング（研究室内の報告会）で報告され，メンバーの批判，検討を受けることになる．もうわかったと思うが，本当に新しい，すごい情報を人より先に入手したいなら，あなた自身が研究グループの一員である必要があるのだ．

発見を補強する追加実験が済むと，発見（＝学術情報）は講演会や学会の場で発表される．仮に1年に1回開催される学会で発表されるなら，すでに数ヶ月の時間が発見から経過している．聴衆からの反響を見て，研究者は成果の重要性に確信をもつこともあるだろうし，実験の不備を指摘されて追加実験に励むことになるかもしれない．

他の研究グループの成果をいち早く入手するには，普通この学会発表のタイミングが最速である．それ以前にも新聞記事等が出る場合があるが，これは研究者側がマスコミに情報を流すからで，研究者による宣伝の要素がないか報道内容を吟味する必要さえある．あなたができることは，そう，積極的に学会に参加することだ．インターネットだけで学術情報を得るなら，せいぜい早くても学会発表の要旨が公開されたときになる．

次いで，発見（＝学術情報）は，適切な形式に整えられて，学術論文として発表される．学術論文の種類などについては，前項に詳しく述べられている．第一線の科学研究の成果は，ほぼ例外なく英語で書かれた国際的な学術雑誌に論文発表される．最新の成果を知るために，大きな書店に走る必要は…ない．学術雑誌のほとんどは，個人購読向けではなく，大学図書館など機関向けに発行されているからだ．所属機関が購読していれば，学生であっても電子ジャーナルといってインターネット経由で論文を読むことができる．この時点では，本当の発見があってから，少なくとも数ヶ月，悪くすると数年ほど経過していることになる．

もし，あなたが情報戦に打ち勝ち，他者に先駆けて研究を優位に進めようと考えても，論文を通じて学術情報を集める限りは速度の限界がある．あなたが驚きをもって成果を知ったとき，論文の著者や，その親しい研究者仲間は，とっくに発表内容を共有しているし，ずっと先を走っているはずだ．

インターネット上のツールを使って重要な学術情報を集める便利な方法が，この本にはいろいろ書かれている．研究分野による文献検索法の違いもわかる．論文を読むことが研究者の基本的素養であることも間違いない．けれども，最初に再確認しておきたいことは，最先端の情報こそ研究現場でしか得ることができないことだ．研究の世界で友人を作って多いに交流し，活きのよい情報がタイミングよく得られる人的なネットワークを作り上げる必要性がある．理系の人生も，人との交流からなりたっている．

b． 情報を評価するには

あなたが苦労して集めた情報は，通常，玉石混淆である．間違っていたり，あまりに独善的で使用に耐えないものもある．情報を評価して，質の良いものを選抜し，これを使って仕事をするように心がけたい．研究に関する限り，以下のプロセスを踏むとよい．

(1) 鮮度が高い情報について

知り合いの研究者から聞いた情報，学会で発表された初期的成果がこれにあたる．広い意味では新聞記事なども，このカテゴリーに入る．いち早く自分の研究に反映させたい気分になる．ここでの注意は2つある．ひとつは，情報内容の信頼性

が学術論文に比べて低いことである．最新の情報であるがゆえに第三者のチェックを受けていない．追試してみたら再現性がなかったなど，知り合いの勘違いだったというケースもあり得るからである．新聞記事も速報性を重視しており，内容の細部に誤りがあることも多い．鵜呑みにはしないこと．二点目の注意は，他者の未発表研究成果を利用する際は，オリジナリティーを尊重することである．自身の研究に利用してよいか，発見者に充分に確認をとる必要がある．アイデアを盗んだなどと，後でもめることにもなりかねない．

（2）インターネットや書籍から得られた情報について

本書の読者は，Web 上の情報が玉石混淆で，信頼性の検討が必要であることを知っているだろう．

信頼性確認の第一歩は，情報の発信者を確認するところから始める．発信者の専門性がはっきりしていないと，情報の信頼性は低いと判断せざるをえない．非常に便利であることは確かであるが，Wikipedia からの引用も避けた方がよい．執筆者が不明で，内容の検証が不充分である可能性がある．

情報発信者の「立場」についても，確認が必要だ．たとえ博士号を持つ研究者が執筆していても，企業が商品に関連して発信する情報であれば，営業促進が情報発信の意図と推察される．必ずしも悪いことではないが，Web 上の情報には，情報発信者の意図があることは常に意識していなくてはならない．「○×学会で（商品の）効果を発表！」などという企業広告を見かける．このような広告も鵜呑みにしないこと．なぜなら，多くの学会では特段の査読（事前内容チェック）なしに，講演することを認めているからだ．学会発表がなされていても，発表内容が科学的に正当で信用に足るものであると断定するのは早い．

信頼性が比較的高く，論文やレポートにおける利用に最も適しているのは，査読のある学術論文である．著者と利害関係のない審査委員が専門家の立場から内容に目を通しているからである．これらの査読つき論文をもとに書かれた総説や専門書も有用といえる．学術論文を検索するには，無料のサイトと読者の所属機関が契約する有料のデータベースがある．前者には Google Scholar や PubMed がある．検索の目的によって使い分ける．詳細な説明は 2 章で行う．特定の論文が専門家にどれだけ広く読まれ，受け入れられているかを知るバロメーターに引用数がある．その論文を，専門家が自分の論文に引用した回数が引用数である．内容の価値が高いからこそ引用される訳で，評判の尺度になりうるのである．引用数は Web of Science などのデータベースを使って調べることができる．

論文やレポートに学会発表を引用してもよいが，できるだけ回避する努力をし，査読つき学術論文になったものを引用しよう．権威ある論文誌に掲載された論文でも，科学が発展して，現在では事実と異なると判明している場合がある．新しい研究例がないか，絶えず確認しよう．

（3）情報収集における網羅性の評価

情報検索では，興味をもつ情報が「これまで知られていない」という結論を導くことがある．科学の世界では，最初に発見したという事実がとても大切にされるし，産業界では特許の取得に決定的に関係するからだ．研究を始めるときなど，そもそも研究する意義があるかを検討するときに，この種の検索が行なわれる．検索ミスは許されない場合が多い．

このタイプの情報検索は，大学レベルの知識と一定の訓練がないと難しい．検索の方法が不適切な場合にも検索結果が得られない（ヒットがない）ケースがあるからだ．以下に検索手順概要を述べる．

検索の見落としが許されるかを考える　「本当は過去に知られていたことなのに検索で見落とした．」そんな場合に，どのような実害があるのかを最初によく考えよう．見落としは可能な限り避けないといけないが，研究開始前の計画段階では研究分野の概要だけわかっていればよいという場合もある．こんなときに不必要な労力をかけて

徹底的な検索をするのは効率的でない．適切な総説を1つ見つけて，内容を把握すればよい場合も多い．

Google や Yahoo など一般の検索エンジンを使わない　検索の目的をじっくり考察し，見落としは許されないという結論になれば，検索に入る．科学の世界では，重要な発見は学術論文として発表されることがほとんどである．したがって，書籍の検索は後回しでよい．

まず，網羅的な検索に Google や Yahoo など一般の検索エンジンを使うのは不適切である．一般の検索エンジンでは，閲覧に契約が必要な有料サイトをはじめとして検索にかからない Web サイトが存在する．また，情報が組織化されておらず漏れのない検索には不向きである．

PubMed（無料）や Web of Science（有料），SciFinder（有料）は，研究者向けに作成された英語のデータベースである．主要な学術雑誌に掲載された論文が網羅して登録されている．たとえば，日本語で書かれた論文も，人が読み，英語で索引がつけられてデータベースに登録されている．網羅性を上げるための手間や人件費がかかっているので，必然的に有料のデータベースが多くなる．網羅性の高い検索には，まずこれらのデータベースを使おう．

検索結果の網羅性は，入力する検索式（キーワードや著者名）によっても大きく変わる．論文の全文がデータベースに入っているわけではないことにも注意しよう．検索する分野についての専門知識の有無によって検索結果の質は変わってくるから，研究室や職場の先輩などに適切な検索式について助言を求めよう．化学分野ではキーワード検索の網羅性の低さが問題となるので，化学構造式で検索する方が一般的である．

検索式の記録　適切な専門的データベースを使用し，知恵を絞って検索した場合でも，検索結果が完全であるという確証はない．レポートを作成する場合には，使用したデータベースと検索式，検索した日時を付記しておくとよい．レポートを読んだ第三者は，この情報さえあれば検索結果の正確さを推し量ることができる．

1.2.3　情報の使い方
a.　引用法の基本

学術情報は，もともと他の研究者に使ってもらうために発表されるという性質がある．報告された結果をもとにして，他の研究者が独自のアイデアを加えて，さらに研究を発展させる．これが科学における研究活動である．

現代の科学では，関連する先行研究がないというケースは事実上ないといってよい．あなたがレポートや論文を書くときには，取り上げたテーマについて研究する必要性や，先行する関連研究によってわかっていることを充分に説明する義務がある．これを省くと，あなたの研究の新規性が理解されないだろう．ここで行われるのが先行論文の引用である．引用とは，学術情報の使い道の主たるものである．

狭義の引用とは，過去の論文の一部を一字一句正確に含めることをいうが，科学の世界ではあまり行なわれない．過去の研究内容を，その趣旨が変わることのないよう注意しながら短くまとめて引用する．このとき，いま書いている論文（またはレポート）が独自に報告する部分と，引用部分とを明確に区別できるように細心の注意がいる．普通，引用箇所に印や番号をつけて，論文の末尾に，引用の出典を明示する．通常引用すべき情報は，著者名，論文名，発表雑誌名，巻（号），ページ，発表年である．引用の仕方には多数の書式がある．学術論文を書くときには，投稿先の雑誌を読んで，書式を確認しよう．

b.　盗作をなくすために

少し脱線するが，大学生の提出するレポートの一定数が，本やインターネット上の辞典などの丸写しや，その組合せからなることは，大学教員なら誰でも知っている深刻な問題である．専門家の目で見ると，大半は簡単に見破ることができる．引用された研究（者）の手柄（オリジナリティー）がはっきりわかるように引用しなければ，講義のレポートであっても，これは盗用，盗作で

あって，処罰の対象となるべき事案である．文章の語尾などを変更して，丸写しではないと主張しても，責任を逃れることはできない．

高等学校までの学習は高等教育の基礎訓練の色彩が強く，世の中でまだ知られていない新事実や，独創的なアイデアの考案などが要求されることは少ない．高等学校までのレポートは，すでに知られている事実を要領よくまとめる作業が中心であったはずである．大学教員は誰も面と向かって言わなかったかもしれないが，大学や社会活動では，既存事実のまとめの上に立って，あなた独自の研究成果や考察が求められる．たとえば，学生実験のレポートであっても，「あなたの実験結果」についての考察が求められる．これは単なる建前ではない．

「自分の成果」が求められると，レポート作成作業は格段に難しくなる．最初から世の中を驚かすような深い考察は難しいかもしれないが，レポートや論文に要求されるものの違いを理解しておこう．まずは，既存の知見（論文情報など）と，自分の成果（考察）を明確に切り分けることだ．

困ったことに不適切引用には，常習性がある．自分が見いだしたものでもないのに，何か自分がすごいことを書いたような気分になるからだ．レポートの課題を解決するだけの実力が書き手に備わっていない場合には，本来，自らを高めてから執筆に入らなくてはならない．これを怠ってレポートだけを完成させようとすると，すべてが他人のアイデアで埋め尽くされることになり，引用元をできるだけ曖昧にして自分が考えたようなふりをすることになる．

社会人がこれを行うと，職を失うような大きな問題になる．新聞記者が他紙から内容を借用していたとか，大学教員が他人の論文を丸写しにして論文発表したというケースが何度も報道されている．大学のホームページが他大学のホームページの無断引用であったというお粗末なニュースもあった．読者諸氏には，引用の問題を真摯にとらえ，間違っても将来に問題を起こさないよう心していただきたい．要は，自分独自の結果や考察を発表できる実力を養っておくことなのだ．

〔有本博一〕

1.3 図書館の役割と学術情報流通の変化

近年，情報通信技術の発達によってわれわれを取り巻く情報環境が大きく変化している．情報通信網が整備され，誰もが膨大な情報にアクセスできる時代を迎えた．出版の世界では電子出版が急速に勢いを増し，グーテンベルクによる活版印刷術の発明以来の大変革期と表現されるほどである．このことは出版物など資料をもって利用者に情報サービスを提供している図書館にも大きな影響を与えている．インドの図書館学者であるランガナタン（S. R. Ranganathan）は「図書館学の五法則」（森耕一監訳，日本図書館協会）の第5法則において「図書館は成長する有機体である」と述べているが，実際この言葉通り，図書館は社会状況や情報環境の変化とともに常に変化・成長し続けている．

この章では，学術研究分野において図書館が果たす役割や，近年の技術の発達および学術情報流通の変化によって生まれた新たな機能などについて述べていく．

1.3.1 図書館とは

まず，図書館とはどのようなところだろうか．簡単に言えば，資料を収集して体系的に整理・保存し，さらに利用に供するところ．また，次の利用まで保存しているところである．これは説明するまでもなく，皆さんご存じのことと思う．

しかし「図書館」と一言でいってもその種類はさまざまである．運営母体や目的が異なれば，当然サービスの内容や対象となる利用者も異なってくる．このような観点から図書館を分類すると，大きく次の5つに分けられる．

（1）国立図書館

国立図書館はその名の通り国が運営し，国民すべてを奉仕対象とする図書館であり，日本においては国立国会図書館が唯一の存在である．また，

国立国会図書館という名称からわかるように，その基本的性格として国立図書館と国会図書館の2つの性格を有している．

国立図書館の機能としては，日本でただ1つの納本図書館として，国内出版物の網羅的収集を行っている．納本対象には一般出版物のほかに国，地方公共団体の出版物も含まれ，それらを含めた全国書誌の整備を行っている．図書館サービスという面では，直接来館した利用者に対してだけでなく，公共図書館や大学図書館などの他の図書館を通じて，貸出，複写，レファレンス（問い合わせ）などにより，全国どこにいる人でも利用することができる．また，蔵書検索システム「NDL-OPAC」を公開し，日本における出版物の情報を広く国民に提供している．

一方，国会図書館の機能としては，国会議員や国会関係者に対し，議案の分析，国政課題全般の調査，法案要綱の作成などの立法調査サービスを行っている[1]．

(2) 公共図書館

公共図書館は，不特定多数の一般公衆の利用に供することを目的として設置・運営されている図書館で，多くは都道府県や市町村などの地方公共団体により設置・運営されている．これらの図書館は住民の税金（地方税）によって運営されており，その地域の住民はもちろん，同地域の学校や会社に所属している人であれば，誰でも無料で利用することができる．公共図書館は一般市民にとって最も身近な図書館であるといえる．

(3) 学校図書館

学校図書館は小学校，中学校および高等学校に設置されている図書館である．その目的は，所蔵する図書館資料を利用に供することによって，「学校の教育課程の展開に寄与するとともに，児童又は生徒の健全な教養を育成すること」（学校図書館法第2条）であり，児童・生徒および教師をサービスの対象としている．

(4) 大学図書館

大学図書館は，大学や短期大学（高等専門学校も含む）に設置された図書館であり，学生や教員の学習および研究活動のために情報を提供することを目的としている．したがって，大学図書館では，多くの専門分野の資料を所蔵しており，次に述べる専門図書館に近い機能をもつ図書館が数多く存在する．また，大学図書館では学習・研究に必要な情報を提供するために，広く他機関との連携を図っている．

(5) 専門図書館

専門図書館は，特定の専門分野の情報を収集・提供している図書館で，これらの多くは企業や団体に所属する図書館である．基本的に設置母体である企業や団体のためにあるため，そこに所属する社員や会員のみに利用が制限される場合も多い．

簡単ではあるが，以上がおもな図書館の種類と概要である．次に，本書のテーマに沿って，おもに学術資料を扱う大学図書館を中心に述べていくこととする．

1.3.2　大学図書館の役割とサービスの変化

a.　大学図書館の役割と機能

大学図書館は，前述の通り学生や教員に情報を提供することを目的としており，あくまでも大学の図書館として，大学における教育・研究と一体化したものである．大学図書館の役割については，大学図書館基準（昭和27年制定，昭和57年改訂）に示されており，「大学図書館は，大学の研究・教育に不可欠な図書館資料を効率的に収集・組織・保管し，利用者の研究・教育・学習等のための利用要求に対し，これを効果的に提供すること」とされている．この設置基準の制定・改定以来，すでに相当の年月が経過し，その間に大学および大学図書館を取り巻く環境も大きく変化しているが，この基本的目標は今なお変わることがないものである．そして大学図書館はその重要な役割を果たすために，学習図書館的機能と研究図書館的機能の2つの機能を備えている．

学習図書館的機能とは，学生が授業の課題解決や予習・復習のために図書館で学習する，また調べ物のために図書館の資料を利用する，といった

学生の学習活動を支援する機能である．この機能のために提供される資料としては，教員がシラバスで指定した図書やカリキュラムに沿った図書，そして各分野の基本図書やレファレンス・ブック（参考図書）などが挙げられる．

一方，教員や大学院生などの研究活動に対するサービス機能を研究図書館的機能と呼んでいる．提供資料としては，大学あるいはその図書館が所属する学部・学科の研究領域に沿った専門書や国内外の学術雑誌論文などが挙げられる．本書を手に取っている方々は，おもにこれらの資料，とりわけ学術雑誌論文を利用している（もしくは今後利用していく）ことと思う．

大学図書館では，従来から研究図書館的機能を充実させるため，さまざまな取り組みを行ってきた．その中でも最も歴史が長く，また大きな役割を果たしてきたといえるのが ILL だろう．ILL とは Inter-Library Loan（図書館相互貸借）の略であり，図書館間における文献の複写や図書・雑誌の貸借などの相互協力のことである．現在も多くの研究者が利用しており，大学図書館に文献複写の依頼が来ない日はない．この機能により，研究者は自分が所属する大学の図書館で所蔵していない雑誌論文でも入手することができる．さらに，各大学の図書館で収集することが困難な外国の学術雑誌を共同利用するため，これらの雑誌を集中的に収集する外国雑誌センター館をいくつかの国立大学図書館に設置し，ILL により全国規模で利用するという取り組みも行われている．

ここで少し，ILL にかかわる出来事や変化についてふれてみよう．

1986 年に，大学等における独創的・先端的な学術研究を生み出すための基盤として，大学共同利用機関「学術情報センター」（現在の国立情報学研究所：NII）が創設された[2]．以降，同機関を中心として，全国の国公私立大学図書館や研究機関の図書館を結ぶ，総合的な学術情報システムの整備が進められてきた．1992 年には，全国規模の総合目録データベースである NACSIS-CAT のネットワークを利用した NACSIS-ILL の運用が開始された．それまでは依頼者が記入した申込書をもとに図書館員が所蔵目録を使って文献の所蔵機関を調べ，所蔵機関に申込書を郵送していたものが，所蔵機関の検索から申し込みまでオンラインで行えるようになったため，大学図書館は従来よりも迅速に依頼に応えられるようになった．また，情報技術の発達により，依頼者から図書館への申し込みもオンライン上で簡単にできるようになった．さらにはオンライン蔵書検索結果を，申し込みデータに流用（コピー）することにより入力にかかる手間も軽減された．現在では ILL にかかわる処理の多くがオンラインで行われ，一部は出版社の認める範囲内ながら，大学間の送付・受け取りまでオンラインで行われている．このように，ILL という図書館の一機能をみただけでも，大きな変化を遂げていることがわかるであろう．とりわけ情報技術の発達が大学図書館に与えた影響は大きく，学術情報自体の形状をも，紙から電子へと変化させ，図書館が提供するサービスに大きな変革をもたらした．

b． サービスの変化

（1） 資料の変化—紙からデジタルへ—

15 世紀に活版印刷術が発明されて以降，数百年にわたり，社会において情報を伝え蓄積する方法は紙と印刷術であり続けた．当然，学術情報もまた紙に記録された印刷資料として存在してきた．しかし，1980 年代半ば以降，情報技術の発達とともに資料も急激に変化・多様化してきた．いわゆる「デジタル資料」の登場と爆発的増加である．

当然のことながら，その影響は資料をもってサービスを提供している図書館にも及んだ．それまでは情報を記録する媒体が紙中心であったため，必然的に図書館が収集の対象としてきた資料の多くは，図書や雑誌に代表される紙を媒体とする印刷資料であった．しかし，デジタル資料という新たなメディアの出現により，収集対象の範囲も大きく広がることとなった．ちなみに図書館資料とは「図書館奉仕のために必要な資料すべて」[2] であり，資料とはすなわち情報である．そのため，大学の学術研究に必要な情報を有しているものは，

その形状にかかわらず収集対象とし，利用に供さなければならない．

ここで，主要なデジタル資料の変遷を簡単に振り返ってみたい．

1980年代半ばにCD-ROMが登場した．CD-ROMは，もともと音楽用に開発されたCDを，コンピュータ用の記録メディアとして利用したものである．当時としては大容量であったほか，ランダムアクセスやキーワードによる検索ができるメリットがあったため，データベースや百科事典などの媒体に使用され，多くの図書館で導入された．それまで膨大な量の索引誌や抄録誌の頁をめくって必要な論文を探していた研究者たちにとって，検索機能を活用し，大量のデータから必要な論文を効率よく探すことができることは，画期的であったに違いない．

1990年代になると電子ジャーナルという新しい試みがみられるようになった．1995年には，米国のHighwire PressによりJournal of Biological Chemistryが電子ジャーナル化され，ここに現在と同様の形の電子ジャーナルが登場した[3]．その後，欧米の多くの商業出版社や学協会等においても学術雑誌の電子ジャーナル化が進み，抄録・索引誌の二次情報データベース化も進んだ（二次情報データベースに関しては第2章で述べる）．この頃のインターネットの急速な普及も追い風となり，1990年代後半には電子ジャーナルが学術情報の中心となり[3]現在に至っている．出版社による電子ジャーナルの提供体系も，当初は主体である冊子体の特典であったが，現在では逆に電子ジャーナルが主体となっている．また，近年では電子ブックの普及も急速に広まっている．

電子ジャーナルの登場は，CD-ROMの出現をはるかに上回る影響を大学図書館に与えた．では，電子ジャーナルとCD-ROMの違いは何であろうか．

CD-ROMは，情報が媒体に記録され，ネットワークを介さずに利用されるタイプのメディアであるという点では印刷資料と同様である．これに対し，電子ジャーナルのようにネットワークを介して情報を提供する場合は，紙メディアとは大きく異なる．利用者は図書館に訪れることなく，またその存在を意識することもなく，必要な情報を手にすることができる．このことは従来の図書館のあり方を大きく覆した．これまで，図書館は図書や雑誌などの印刷資料や，前述のCD-ROM等あくまでも「物理的な資料」を充実すること，そして学習や調査・研究を行なう「場」を提供することを考えればよかった．しかし，電子ジャーナルやオンラインデータベース等のネットワーク系メディアの普及という新しい情報環境が進展するなかで，従来のサービスでは利用者のニーズに対応しきれなくなった．そして新たに外部のネットワーク資源への窓口としての機能が図書館に求められるようになったのである．

(2) 電子図書館構想―ハイブリッド図書館―

こうした状況の中で1990年代後半には「電子図書館」と呼ばれる，バーチャルな図書館への関心が急速に高まり，関連する研究も活発化した．では，「電子図書館」とはどのようなものであろうか．「電子図書館」という言葉に決まった定義はないが，大学図書館ではおもにオンライン上で学術情報資源や情報を入手するためのツールを提供している．

以下に日本の大学（図書館）において提供されている一般的な電子図書館サービスについて紹介する．

① オンライン上での各種申し込み：　大学図書館では，オンライン上での図書の予約や文献複写申し込み，レファレンスサービスなどを受け付けている．レファレンスサービスは，図書館が図書館の利用や資料・情報に関する質問に答えるサービスであり，図書館の特徴的なサービスの1つである．また，複数の図書館を持つ大学では，別のキャンパスにある図書館から近くの図書館へ資料を取り寄せることもできる．

② 電子資料および各種データベースの提供：　学術論文や学術雑誌は，大学の研究者（とりわけ理系の研究者にとっては）重要な学術情報資源である．そのため大学図書館では，これらの資

源をより迅速かつ効率よく入手できるよう，前述の電子ジャーナルや各種データベースを収集，整備し提供している．また，電子ジャーナル等のオンライン情報資源を蔵書検索で検索できるのも一般的となっており，アクセス支援の充実も図られている．

③貴重資料・歴史資料の電子化： 理系を専門とする研究者が利用する機会は少ないかもしれないが，多くの大学では自館が所蔵する文化的な貴重資料をデジタル化し，さらにその成果をデータベース化し，ホームページなどを通して公開している．

④大学で生産される情報資源の電子化とアクセス支援： 大学では非常に多くの学術情報が生産されている．代表的な例でいえば学位論文や紀要，テクニカルレポートなどがあげられる．近年多くの大学ではこれらの情報資源を電子化し，さらに電子化された資源への内外からのアクセスを支援する取り組みを行っている．

⑤オンラインチュートリアルの提供： 図書館の利用案内や，資料の使い方，情報の探し方などについてのチュートリアル（解説）を作成し，インターネット上で公開している．テキストのほか，音声やアニメーションなどを利用したものもみられる．

以上が日本の大学図書館において広く行われている電子図書館サービスである．これらのうちの多くの機能は図書館ホームページや図書館ポータルによって実現されていることが多い．大学図書館のホームページを覗くと，たいていの場合，電子ジャーナルリンク集や各種データベースの案内ページが存在する．データベースの案内ページでは，フリー（無償）で利用できるものも含めオンライン上で利用できる各種ツールが分野別・目的別に整理されている．また，ツールに関する簡単な説明や案内ページへのリンクのほか，フリーで利用できるものか，学内専用のものかといったことなどがひと目でわかるようになっている．

①のような特定の個人を対象としたサービスについては，図書館ポータルにおいて提供されている．図書館ポータルとは「図書館の提供するさまざまな情報やサービスをワン・ストップで利用できるシステム」[4]である．①に挙げたサービスのほか，多くの場合自分が借りている資料の確認・貸出延長や図書の購入依頼などもできる．このサービスは大学の構成員に対し行われているもので，多くの大学図書館で導入されている．最近では，学内でのみ利用可能な契約電子ジャーナルやデータベースでも，図書館のホームページや図書館ポータルからログインすることで学外からでも利用できるリモートアクセスの仕組みを取り入れている大学も多い．これらは非常に便利な機能なので，利用したことのない方はぜひ一度図書館のホームページを覗いてみてほしい．

また，前述の②において，電子ジャーナル等電子資料の提供を挙げたが，当然図書館で提供している資料はオンライン上の資料ばかりではなく，相当量の印刷資料も存在している．このように，現在の図書館は従来の図書館機能と電子図書館的機能とが融合した図書館であり，ハイブリッド図書館と呼ばれている．ハイブリッド図書館において，利用者が情報を効率的にかつスムーズに入手できるようにするためには，電子資料と印刷資料とのシームレスな（継ぎ目のない）統合がなされていなければならない[5]．現状ではそれが完全に実現できているとは言いがたく，電子情報と紙媒体を有機的に結びつけたハイブリッド図書館の実現が大学図書館に求められている[6]．

(3) 図書館員による利用者教育

情報リテラシー能力の必要性については前節で取り上げている．近年情報リテラシー教育の一端を大学図書館が担うようになってきた．データベースに関して学生と対話すると，データベースが整備されていても，「必要な情報に到達するにはどのデータベースを使用すればよいかがわからない」，もしくは「データベースの使い方がよくわからない」などといった学生がじつに多いことに気づかされる．また，データベースを利用していても正しい検索方法が身に付いていない場合もしばしば見受けられる．そのほかにデジタル化が

●コラム● 大学蔵書数と科学雑誌の数はパラレル？

　「大学での研究のためには，図書館の蔵書はいくらあっても足りない」と言われています．蔵書数の豊かな名門の一流大学には，それに見合った専門的な科学雑誌をたくさん揃えている場合が一般的です．したがって，「蔵書数の多さと雑誌の多さとはパラレル（並列）」といえるでしょう．最近では，Elsevier社などの大手出版社との大学一括契約により，オンラインジャーナル（e-ジャーナル）の形式で，契約してある雑誌自体の紙媒体がなくてもPC上で読んだり，PDF形式で論文を落とせるようになっています．その場合でも，学内のパソコン端末からしかアクセス（自動認証などで）できませんので，やはりその大学の教職員であることは，研究上でも小さな大学よりも相当に有利になります．

　図書館および図書経費にどれだけ予算を出費できるかは，大学の力量にかかっているといえます．アメリカでは，週間高等教育（雑誌）に国内の大学図書館の詳細内容やトップテンに並んでワーストテンも掲載されますが，日本ではあまり話題にならないようです．アメリカでの大学蔵書数では，ハーバード大学の約1660万冊，プリンストン大学の1300万冊，エール大学の1250万冊がトップ3です．たとえばアメリカの地方の州立大学で蔵書数が約100万冊クラスの大学は多くありますが，蔵書数で比較すればハーバード大学が圧倒的に有利になります．特に，専門雑誌の数がものをいいます．オリジナル論文を見ようと思っても小さな大学ではなかなか見ることができないのが現状です．また，オンラインジャーナルでも最新の論文はダウンロードできない契約の場合が多いですので，現物の多くの雑誌がある大学は研究を確実に有利に進めることができるわけです．

　ちなみに，「日本のトップ3」は，東京大学の約890万冊，京都大学の約640万冊，日本大学の約590万冊となっています．筆者の勤務する東北大学は約390万冊で東京大学の半分しかなく，雑誌数でも東京大学の約15万冊に比べて東北大学は約8万冊であり，蔵書数と雑誌数とはきれいにパラレルであることが理解できます．

〔齋藤忠夫〕

進んだことによって，オンライン上で公開されていないものは探さないといった残念な状況も生まれてきている．

　このような状況の中で，これまで長年にわたり大学の学術情報を取り扱ってきた図書館が，リテラシー教育の支援を行うのはきわめて自然な流れである．その方法は，データベースなどの各種講習会の開催や，リテラシーテキストやパスファインダーの作成，授業科目との連携など多岐にわたり，多くの大学で様々な活動が行われている．

　今現在，自分の欲している情報の探し方やデータベースの使用方法がわからずに困っている方は，ぜひ一度図書館のホームページを覗いたり，図書館員に質問したりしてほしい．きっと役に立つ情報が得られるはずである．

c. 大学図書館周辺の動き：オープンアクセス運動と機関リポジトリ

　上述の通り，情報技術の発達により，学術情報流通の中心は冊子体から電子ジャーナルへと変わった．さらに学術情報流通の変革とともに，学術情報資源のあり方にも変化がみられる．近年では，オンライン上でどこからでも無料で入手可能な学術論文が以前と比べ格段に増えている．これは，2000年代に入り，オンライン上で学術論文を無料もしくは最低限の制約で利用できるようにする運動，すなわちオープンアクセス運動が起こったことによる．

（1）シリアルズ・クライシス
　　　〜オープンアクセス運動

　20世紀の半ば以降，海外の大手出版社による

学術雑誌出版の商業化および寡占が進行した．それに伴い学術雑誌の価格上昇が恒常化し，価格上昇は購読数の減少を招き，購読数の減少がさらなる価格高騰を招くという状況を作り出した．大学図書館においては雑誌購読費の上昇と反比例して購読できるタイトル数は減少していくという現象をもたらした．この現象は「シリアルズ・クライシス（Serials Crisis：雑誌の危機）」と呼ばれ，アメリカでは1970年代から生じていたが，日本では円高の勢いが消えた1990年代に入ってから発生している[7]．

海外では，商業出版社の寡占化や学術雑誌の価格高騰に対抗することを目的として設立された「SPARC（Scholarly Publishing and Academic Resources Coalition：学術出版と学術資源に関する協力運動）」によって商業出版社の刊行する高額雑誌と競合するタイトルの創刊などの対抗策がとられたが，商業出版社の基盤を揺るがすほどの効果は得られなかった．その後2002年にSPARKのメンバーやアメリカ・イギリスの大学教授らによってBOAI（Budapest Open Access Initiative）という宣言がされ，そこでオープンアクセスの定義がなされたことにより，オープンアクセス運動が活発化した．BOAIではオープンアクセスを「インターネット経由で，なんらの制限もなく論文をダウンロードでき，合法的なやり方で利用できること」とし，これを実現するための手段として「セルフアーカイブ」と「オープンアクセス雑誌」を挙げている[8]．セルフアーカイブとは研究者が自らの研究成果を学術雑誌のサイト以外で無料公開するのを認めるという方法であり，機関によるセルフアーカイブ＝機関リポジトリもここに位置づけられている．

機関リポジトリには複数の定義が存在するが，日本の国立大学図書館協議会のレポート[4]では機関リポジトリとは「大学および研究機関で生産された電子的な知的生産物を捕捉し，保存し，原則的に無償で発信するためのインターネット上の保存書庫」であるとしている．また，一般的に機関リポジトリに含まれるコンテンツとしては，学術雑誌掲載論文や紀要，テクニカルレポート，学位論文，授業で使用した教材などが挙げられる．現在，機関リポジトリは多くの場合大学図書館が中心となって設置・運用されている．

(2) 日本の機関リポジトリと検索システム

日本では2002年に千葉大学付属図書館が千葉大学学術情報リポジトリ（仮称）計画を開始し，試行運用を経て2005年3月に正式運用を開始した[9]．これが日本で初めての機関リポジトリである．以降，多くの大学がリポジトリを構築，運用しており，現在ではアメリカ，イギリス，ドイツに次いで日本が世界で4番目に多くのリポジトリを運用している（2010年10月現在，ROAR http://roar.eprints.org/ による数値）．ちなみに前述の電子図書館サービスの④の機能は，近年この機関リポジトリに移行してきている．また，国

図1.2 東北大学附属図書館作成のテキスト「情報探索の基礎知識」
冊子体を学生などに配布しているほか，ホームページ上でダウンロードすることもできる．

立情報学研究所は，各大学における機関リポジトリの構築とその連携を支援しており，学術リポジトリポータル「JAIRO」（http://jairo.nii.ac.jp）の開発・提供を行っている．JAIROでは，日本の学術機関リポジトリに登録された学術情報を横断的に検索でき，2010年10月現在，132機関，100万件を超えるコンテンツが登録されている．このほか，アメリカのミシガン大学で運営されている「OAIster」（http://www.oclc.org/oaister/）では世界中の機関リポジトリ収録論文を検索することができ，検索結果からは直接各機関リポジトリ保有のファイルにアクセスできるようになっている．OAIsterには世界中の1100以上の機関の2500万件を超えるコンテンツのメタデータが登録されている（2010年10月現在）．

　機関リポジトリは，学術機関によって生産された学術資源をオンライン上で無料入手できる非常に有効なリソースである．今後とも機関リポジトリの数は増加する傾向にあり，学術情報流通の世界でますます重要な存在となるのは間違いないであろう．

　なお，リンチ（Clifford A. Lynch）による機関リポジトリの定義では，機関リポジトリは「大学とその構成員が創造したデジタル資料の管理や発信を行うために，大学がそのコミュニティの構成員に提供する一連のサービス」[10]とされる．機関リポジトリに登録されたコンテンツは大学など運用機関が責任をもって管理し，かつ前述のOAIsterのほか，Google Scholarなどの学術情報だけを対象とした検索エンジンにもヒットされるようになっている．リテラシーという観点からは少々外れるが，自身の研究成果を公開する場所を探している方にとっては，非常にお奨めである．

●コラム● ノーベル賞受賞者を事前に予想できる？

　米国のトムソン・ロイター社は，学術文献・引用索引データベース「Web of Science」のデータをもとに「ノーベル賞有力候補者（トムソン・ロイター引用栄誉賞）」を毎年選出しています．2010年は新たに2名の有力候補者が，実際にノーベル物理学賞受賞を受賞しました．これにより，同社が2002年より4分野（物理学，化学，医学・生理学，経済学）から選出している計17人の有力候補者がノーベル賞を受賞しており，この引用栄誉賞とノーベル賞との高い相関関係が裏づけられています．

　この選出の根拠となっているのは，「被引用情報」です．その研究者の発表した論文がどれだけ，どのように引用されているかを分析することで，研究の社会に対する影響力を知ることができます．Web of Scienceは影響力の高い世界の一流誌約11600誌を収録し，包括的で高品質のオンラインアクセスを提供しています．「トムソン・ロイター引用栄誉賞」は，過去20年以上にわたる学術論文の被引用数に基づいて，各分野の上位0.1％にランクする研究者の中から選んでいます．実際には，おもなノーベル賞の分野における総被引用数とハイインパクト論文（各分野において最も引用されたトップ200論文）の数を調査し，ノーベル委員会が注目すると考えられるカテゴリ（物理学，化学，医学・生理学，経済学）に振り分け，各分野で特に注目すべき研究領域のリーダーと目される候補者が決定するわけです．

　2010年のノーベル物理学賞を受賞したアンドレ・ガイム氏（Andre K. Geim）とコンスタンチン・ノボセロフ氏（Kostya Novoselov）も，同社が2008年9月に「グラフェンの発見と分析」というトピックでノーベル物理学賞の有力候補として選出していました．

〔齋藤忠夫〕

1.3.3 今後の展望

ここまで，大学図書館の役割やその機能の変化および学術情報流通の変化について概略的に述べてきた．現在も情報通信技術は日々進化しており，今後も学術研究や大学図書館を取り巻く状況が変わっていくことは容易に推測できる．しかし，5年後，10年後にどのような変化が起こっているか想像することは難しい．いずれにせよ，大学図書館の役割は前述の大学図書館基準に示されているとおり「大学の研究・教育に不可欠な図書館資料を効率的に収集・組織・保管し，利用者の研究・教育・学習等のための利用要求に対し，これを効果的に提供すること」である点は変わらないであろう．

研究者の方々が熱心に研究に取り組む姿勢には胸を打たれることが多い．筆者ら図書館員は上記役割を果たすことによって，その研究を陰ながら支援し続けたいと思う． 〔小野寺毅〕

引用および参考文献

1) 国立国会図書館図書館百科編集委員会 (1988)：国立国会図書館百科, p.12, 出版ニュース社.
2) 学術審議会 (1979)：今後における学術情報システムの在り方について.
3) 時実象一 (2004)：オープンアクセスの動向. 管理, **47**(9)：617-624.
4) 国立大学図書館協議会図書館高度情報化特別委員会ワーキンググループ (2003)：電子図書館の新たな潮流：情報発信者と利用者を結ぶ新たな付加価値インターフェイス. 〈http://wwwsoc.nii.ac.jp/janul/j/publications/reports/73.pdf〉
5) 原田 勝 (1999)：電子図書館とは. 電子図書館, p.1-16, 勁草書房.
6) 文部科学省科学技術・学術審議会学術分科会研究環境基盤部会学術情報基盤作業部会 (2006)：学術情報基盤の今後の在り方について (報告).
7) 尾城孝一・星野雅英 (2010)：連載, シリアルズ・クライシスと学術情報流通の現在：学術情報流通システムの改革を目指して：国立大学図書館協会における取り組み. 情報管理, **53**(1)：3-11.
8) 時実象一 (2005)：オープンアクセス運動の歴史と電子論文リポジトリ. 情報の科学と技術, **55**(10)：421-427.
9) 千葉大学学術成果リポジトリ CURATOR 〈http://mitizane.ll.chiba-u.jp/curator/〉
10) Lynch, C. A. (2003)：Institutional Repositories：Essential Infrastructure for Scholarship in the Digital Age. *ARL*, no.226 (February 2003)：1-7. 〈http://www.arl.org/newsltr/226/ir.html〉（国立情報学研究所による和訳を参考にさせていただいた．〈http://www.nii.ac.jp/irp/archive/translation/arl/〉）
11) 原田 勝ほか (1999)：電子図書館, 勁草書房, 227p.
12) 倉田敬子 (2006)：特集, 情報ポータル：機関リポジトリとは何か. *MediaNet*, **13**：14-17.
13) 栗山正光 (2005)：特集, 学術情報リポジトリ：総論 学術情報リポジトリ. 情報の科学と技術, **55**(10)：413-420.
14) 長田秀一 (1997)：情報環境の変化と図書館サービス. 亜細亜大学教養学部紀要, **55**：114-99.
15) 日本図書館協会図書館ハンドブック編集委員会 (2010)：図書館ハンドブック 第6版補訂版, p.194, 日本図書館協会.
16) 大野友和 (2005)：大学図書館がゼロからわかる本. 日本図書館協会, 264p.
17) 柴山盛生・井上明夫・小林清一 (1993)：特集, わが国の情報流通施策：学術情報システムと大学図書館ネットワーク. 情報の科学と技術, **43**(6)：511-516.
18) 塩見 昇 (2004)：図書館概論 4訂版 (JLA図書館情報学テキストシリーズ), 日本図書館協会, 284p.
19) 杉本重雄 (2000)：内外電子図書館の概観. 2000年京都電子図書館国際会議論文集 (日本語セッション), 19-27.
20) 杉本重雄 (2003)：電子図書館：概要と課題. 筑波大学・図書館情報大学統合記念公開シンポジウム「電子図書館の軌跡と未来 ますます広がる図書館サービス」報文集 (実行委員会編).
21) 東北大学附属図書館理工系情報教育ワーキング

グループ (2008)：講習会用テキスト「Web of Science の使い方」．

22) Budapest Open Access Initiative 〈http://www.soros.org/openaccess/read.shtml 〉
23) INFOMINE 〈http://infomine.ucr.edu/ 〉
24) JAIRO 〈http://jairo.nii.ac.jp/ 〉
25) ROAR 〈http://roar.eprints.org/ 〉
26) OAIster 〈http://oaister.worldcat.org/ 〉
27) 東北大学附属図書館ホームページ 〈http://tul.library.tohoku.ac.jp/ 〉

●第2章●
インターネットを用いた情報検索方法

　近年，インターネットの普及に伴い，日常ふれることのできる情報量は爆発的に増加している．インターネット上の情報は玉石混淆で，必要とする情報に迅速かつ正確にアクセスするために，Googleを代表とする検索エンジンが開発された．このように，必要な情報を得るための手段は，その形態を問わず情報検索ツールと呼ばれる．情報検索ツールの歴史は意外に古い．たとえば，誰もが知っている代表的なツールとして百科事典があるが，紀元後1世紀のローマにおいて，すでにガイウス・プリニウス・セクンドス（Gaius Plimous Secundus）によって全37巻に及ぶ大著"*Historia naturalis*"（直訳：Natural History）が編纂されている．内容には典拠のある事実のほかに個人的体験に基づく情報まで盛り込まれており，現在の百科事典とは大きく異なるものである．だが，この時代にすでに情報を系統立てて検索できるツールが存在していたことからも，その歴史がいかに長いかを読み取ることができる．その長い歴史の中で積み重ねられたノウハウと新しく生み出された技術が結びつくことによって，次々と新しい情報検索ツールが登場し，また姿を消していくものもあった．そうした変化を繰り返し，現在ではインターネットを基盤としたツールが情報を得る中心的な手段となっている．学術研究の世界ではインターネット上で利用する学術情報データベース（二次情報データベース：一次情報である学術論文にアクセスするためのデータを蓄積し，体系的に検索できるデータベース）が確固たる地位を築いており，今日の学術情報検索にとって欠かせない存在となっている．

　本章では学術雑誌論文の探し方を中心に，情報検索の具体的方法について説明する．

2.1 学術情報検索法の変化

　インターネットが普及する以前の学術情報検索はどのようなものだったであろうか．当然であるが，紙の資料しか存在しない時代は二次資料もまた紙＝冊子体を使用していた．二次資料とは，論文が掲載されている雑誌そのものを，すなわち一次資料を探すために作られた資料であり，どのような論文が何という雑誌に掲載してあるかなどを調べることができる．代表的なツールとしては索引誌と抄録誌がある．索引誌とは，おもに最新の論文を探すことができるように，各論文の著者，論題，掲載雑誌名，巻号・頁等を収録し，さらに検索が容易にできるように索引を付けた冊子である．抄録誌はそれらの情報に加え，要約も提供する．ちなみに農学・生命科学分野に関する代表的なものとしては，化学系では*Biological Abstracts*や*Chemical Abstracts*が挙げられる．前者は生化学全般を，後者は境界領域を含めた化学関係全般を扱った大規模かつ包括的な抄録誌である．対象とする文献の種類も広く，雑誌のほかに図書や学位論文，会議関係論文等までカバーしていた．医学系では，現在のMEDLINEの元となった*MEDLARS*が有名である．*MEDLARS*は米国医学図書館（National Library of Medicine：NLM）が作成する生物医学系全般を対象とする索引誌である．これらはどれも必要な情報を探し出すための，索引の構成などに工夫がなされていたが，そ

の作成には膨大な編集作業が必要なため，タイムラグが大きいという問題点があった．

その点を補うために登場したのが目次速報誌である．これは新刊の雑誌や発行予定の雑誌などの目次ページのみをそのまま複写（または印刷）したものである．最も有名なものはISI社（Image Solutions, Inc）の「*Current Contents*」である．タイムラグはおよそ1週間で，その名の通り，未発行雑誌の目次をいち早く知ることができる雑誌として重宝された．

その後，各誌が電子計算機で読み込みができる磁気テープによる刊行を開始し，1970年代にはオンライン検索が広まった．前述の*MEDLARS*もオンライン検索システムをスタートさせ，MEDLINEと名付けられた．ちなみにこの時代のオンライン検索とは現在のインターネットによるものとはまったく異なるものである．検索はコマンド入力方式で，おもに企業や図書館の専門家が研究者からの依頼を受けて代行検索していた．また通信には電話回線を使用しており，使用時間が長くなるとそれだけ費用が多くかかった．効率的に検索するため，検索担当者は，あらかじめ研究者と確認を取りながら，適切な検索語や検索式を準備する必要があった．

1980年代半ばにはCD-ROM版のデータベースが登場し，大学図書館などで導入が進んだ．しかしながら，1990年代半ばになるとインターネットを利用したデータベースの普及が始まり，1990年代後半には自然科学系分野におけるCD-ROM版データベースの多くは姿を消した．

現在では，前述のとおりオンラインデータベースが学術情報検索の主流になっている．

2.2 情報検索の基礎

具体的なデータベースの操作方法を説明する前に，情報検索を行うにあたり必要となる基礎的事項についてふれたい．

2.2.1 情報検索の方法

情報検索には，大きく分けて2つの方法がある．1つは，情報が電子化される前から使われている方法で，引用文献や参考文献をたどる方法である．研究成果である学術論文には，必ず引用文献や参考文献が記載されている．この文献リストの中の資料にも当然同じように引用文献や参考文献が記載されている．したがって，これらの文献をたどっていくことにより，いわゆる芋づる式に関連論文を見つけることができる．比較的簡単に類似文献を見つけられ，これまでの研究の流れがわかるといった利点がある半面，この方法だけに頼ってしまうと，内容に偏りが生じたり，最新の重要な論文を見落としたりする恐れもある．

一方，手がかりとなる先行研究論文などが見つからない場合や，特定のテーマの論文を網羅的に探すときは，学術情報データベースが有効である．データベースによっては前述の引用関係を簡単にたどることができるものもある．

以下，ツールを使った情報検索の基礎について述べる．

a. 検索の基礎

ツールを使って情報を探す場合，基本的にキーワードを使って検索する．その際，ただやみくもに思いついた語を使って検索するだけでは，検索漏れやノイズ（必要ではない情報が混入すること）が発生してしまい，期待通りの検索結果が得られないことが多い．そのようなことを避けるためには，キーワードを厳選し，適切に組み合わせる（論理演算する）必要がある．また，図書・雑誌本体の所在を探す場合と，掲載される論文を探す場合とでは，使用するツールが異なることも覚えておく必要がある．

（1）キーワードの選び方

キーワードの選び方とその組合せによって検索結果は大きく変わってくる．検索語とするキーワードは，調査要求を的確に示すものでなければならない．検索漏れをなくすには，同義語や類義語も使用して検索を行い，特定のテーマに絞り込みたいときは，複合語（例：温室効果）も使うな

ど，キーワードは慎重に選ぶ必要がある．

キーワードを構成する個々の用語がもつ概念の広さはさまざまである．共通性のある複数の用語（例：肺癌，胃癌）をまとめて表す広い概念を持つ用語（例：腫瘍）を上位語という．逆に限定されより狭い概念を持つ語を下位語という．たとえば，「疾患」＞「腫瘍」＞「肺癌」「皮膚癌」のような関係である．幅広く検索する場合は上位語を，特定のテーマに絞り込んで検索する場合は，下位語を使って検索すると適切な検索結果が得やすくなる．

検索語は「自然語」と「統制語」に分類される．自然語とは日常的に使われる語である．それに対して統制語とは，意味や内容が類似した語を一括して表現する目的で，一定の統制を加えたうえで索引語として採用された語のことである．たとえば，「ジャガイモ」と「馬鈴薯（ばれいしょ）」という語の意味内容は，ほぼ同じであるが，語自体としてはまったく違うため，「ジャガイモ」と表現された論文を「馬鈴薯」というキーワードで探すことはできない．そのような場合でも，統制語を使うことにより，同じ意味内容をもった語全般を網羅的に検索できる．すなわち，ジャガイモを統制語とした場合，同義語である馬鈴薯も自動的に検索される．データベースには，統制語彙を構造化した統制語彙集（シソーラス）を搭載しているものがあり，それらのデータベースでは統制語を使うことにより，検索漏れやノイズを極力回避することができる．

（2） 論理演算

論理演算とは複数のキーワードを組み合わせて検索する方法で，その際に用いられる「AND」や「OR」などの記号を論理演算子という．論理演算を使用することで，複数の概念を組み合わせた情報を抽出することができる．次の3種が最も基本的な方法である（図2.1）．

①AND 検索（論理積，「かつ」）：「A AND B」は，キーワード A と B の両方を含むものを取り出す検索式．このように，AND 検索は，複数の概念を併せもつ情報を検索するとき，複数

論理演算子	検索式	検索される部分	
AND	A AND B	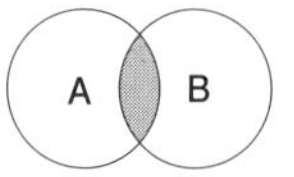	AとBの両方を含むもの
OR	A OR B	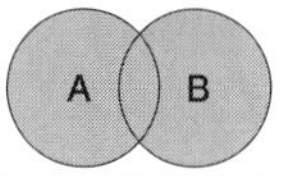	AとBのどちらか一方を含むもの
NOT	A NOT B	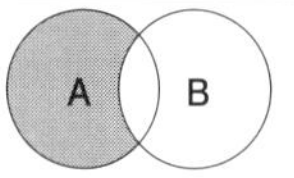	Aを含むがBを含まないもの

図 2.1 論理演算概念図

の情報を特定の概念で絞り込むときに使用する．ほとんどのデータベースにおいては，キーワード間にスペースを挟んで入力することにより，自動的に AND 検索が行われる．

②OR 検索（論理和，「または」）：「A OR B」は，キーワード A と B の少なくとも一方を含むものを取り出す検索式．OR 検索は，同義語や類義語など，同様の概念を表す語で検索する場合に使用する．

③NOT 検索（論理差，「〜を除く」）：「A NOT B」は，「A を含むが B を含まないもの」を取り出す検索式．特定の概念を除きたいときに使用する．

（3） 一致検索

データベースなどで検索を行う際に有効な方法として一致検索がある．部分一致検索はトランケーションともいい，キーワードの一部分に特定の記号を付して検索する．すなわち，「＊」「？」「＠」などの記号（トランケーション記号）は，任意の文字列の代わりになる．部分一致検索することで，キーワードのバリエーション（例：単数形と複数形）に対応することができるため，検索漏れを少なくすることができる．おもなものを以下に示す．

①前方一致検索： 先頭部分が検索語と一致する語句をすべて検索する方法で，特に英語の単数形や複数形を同時に検索したいときなどに有効．
［例］toxic* → toxicity, toxicology など

②後方一致検索： 末尾部分が検索語に一致する語句をすべて検索する方法で，類義語などを検

索したいときなどに有効．

［例］ *toxin → neurotoxin, antitoxin など

③中間一致検索： 検索語がどこかに含まれている語句をすべて検索する方法で，前方一致検索や後方一致検索の結果も含む．

［例］ *toxic* → neurotoxicology, ecotoxicology, cytotoxicity など

④完全一致検索： 検索語と完全に一致した語句のみを検索する方法で，検索の目的が明確で結果をより限定したいときに有効．

［例］ /toxic/ → toxic

なお，データベースによって使えるトランケーション記号は異なるので，使用する際はヘルプなどで確認するとよい．

b. 図書・雑誌の探し方

図書，あるいは目的の論文を掲載している雑誌の名称・巻号などがわかっている場合は，蔵書検索（Online Public Access Catalog：OPAC）を使用してその所在を探す．図書については，テーマで探したい場合もOPACを使用して探すことができる．ただし，探す対象によって使うツールも異なるので，以下におもなものを紹介する．

(1) 所属する大学・機関のOPAC

基本的には，まずはじめに自分の所属する大学・機関のOPACを使って検索を行う．そこで見つかれば，所蔵する図書館に行き，図書の借用や文献の複写により，必要な情報を入手する．所属大学・機関の図書館に見つからなかった場合は，他機関の所蔵について検索しなければならない．大学図書館のOPACは，多くの場合，国内他大学の所蔵についても検索できる．検索の結果，他機関が所蔵していることがわかった場合，本書1.3節で述べた図書館ポータルを利用して，文献複写や現物貸借の依頼をすることになる．もちろん，図書館の窓口を通して依頼することも可能である．利用方法については各大学図書館のホームページなどで確認できるので，そちらを参照していただきたい．

【国内他機関の蔵書を調べる】

・Webcat Plus（http://webcatplus.nii.ac.jp）：大学図書館のOPACでは，多くの場合，国内他大学の所蔵についても検索ができると述べたが，国立情報学研究所（NII）が提供しているWebcat Plusによっても，全国の大学・短大・高専の図書館およそ1000館の所蔵情報を調べることができる．この場合，1986年以降に発行された日本語の図書（英語の図書ではおもに現在入手可能なもの）には，データとして目次や抄録などの情報も付与されている．

ところで，Webcat Plusには「一致検索」と「連想検索」の2つの検索方法がある．探している図書の情報があらかじめわかっているときは，一致検索を使用する．検索対象をタイトルや著者に限定することもでき，また出版年で検索範囲を絞ることも可能である．

連想検索では，入力された単語や文章等をもとにして関連性の高いものを検索することができる．ただし，概念の広い単語が検索語の場合，膨大な量のノイズが発生するので注意が必要である．

【国外他機関の蔵書を調べる】

・World Cat（http://www.worldcat.org/）：World Catは，OCLC（Online Computer Library Center, Inc）に参加する世界中の図書館の蔵書を調べることのできる総合目録である．世界170ヶ国72000以上の図書館に所蔵されている資料の書誌情報や所在地情報を，インターネット上で誰もが検索できる．

ほかにも，無料で利用できる蔵書検索が国内外に数多く存在する．巻末の付録資料に一部掲載するので参考にしてほしい．

c. 雑誌論文を探す

論文を探す場合は，学術情報データベース（以降データベース）を使用する．データベースはそれぞれ収録分野や年代が異なるため，自分がどのような論文を必要としているのかを整理したうえで，使用するデータベースを選択する必要がある．なお，農学・生命科学分野に関連するデータベースを，巻末の付録に資料としてまとめておく．

次節では，Web of ScienceとPubmedを具体

例に挙げて，実際の検索方法を説明しよう．

2.3 学術情報データベースの利用方法（Web of Science・PubMed の使い方）

2.3.1 Web of Science

Web of Science は，アメリカの出版社トムソン・ロイター社（Thomson Reuters）が提供する学術情報データベースである．外国語の学術雑誌論文について，人文・社会科学から自然科学まで広くカバーしており，特に自然科学分野では，年代的にも検索可能範囲が非常に広い（1900年～）．Web of Science の大きな特徴としては，引用文献を検索できることや，論文間の引用関係をたどれるという点が挙げられる．また，学術雑誌の影響度を測る指標であるインパクト・ファクター（Impact Factor）も参照できる．

なお，Web of Science（WoS）は「ISI Web of Knowledge」と称するプラットフォーム（ソフトウェアを作動させる基盤）上で使用するが，2010年2月には，日本語インターフェースが利用できるようになった（図2.2）．（Web of Science の利用には，提供元との契約が必要である．自分が所属する機関で契約しているか不明のときは図書館のホームページのデータベース集などで確認してみてほしい．）

a. 基本的な検索

Web of Science では，トピック，著者名，論文タイトル，雑誌名（ジャーナル名），出版年，著者所属などの各項目を指定して検索することができる．

以降，図の例にそって検索方法を説明していく．

［例1］ 2010年のノーベル化学賞受賞者鈴木章氏（北海道大学名誉教授）が発表したcross-coupling に関する論文を探す．

①検索語（トピック，著者名，出版年等）を入力する（次頁図2.3，2.4）： この例のように特定のデータを検索したい場合は，既知の情報をすべて検索語とする．入力欄の「検索語の種類」（トピック等）に対応させながら入力することにより，はじめから検索の範囲を絞ることができる．

②検索条件にマッチした論文が表示される（次々頁図2.5）： 検索結果画面から，さらに絞り込みや検索結果の並び替えなどができる．目的の論文名をクリックすると，論文詳細（フルレコード）画面が開く．

③論文詳細画面（次々頁図2.6）： この画面では，

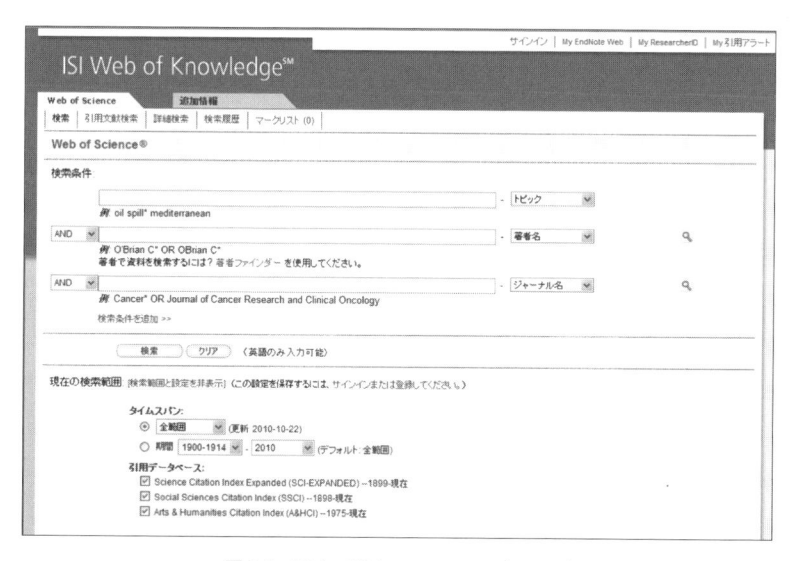

図 2.2 Web of Science のフロントページ
PC が日本語環境であれば自動的に日本語のプラットフォームが選択される．

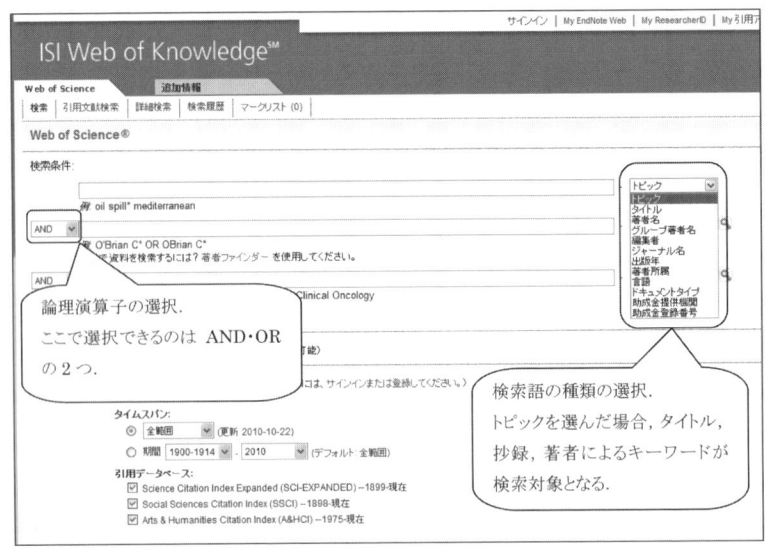

図 2.3　Web of Science の検索語入力画面①

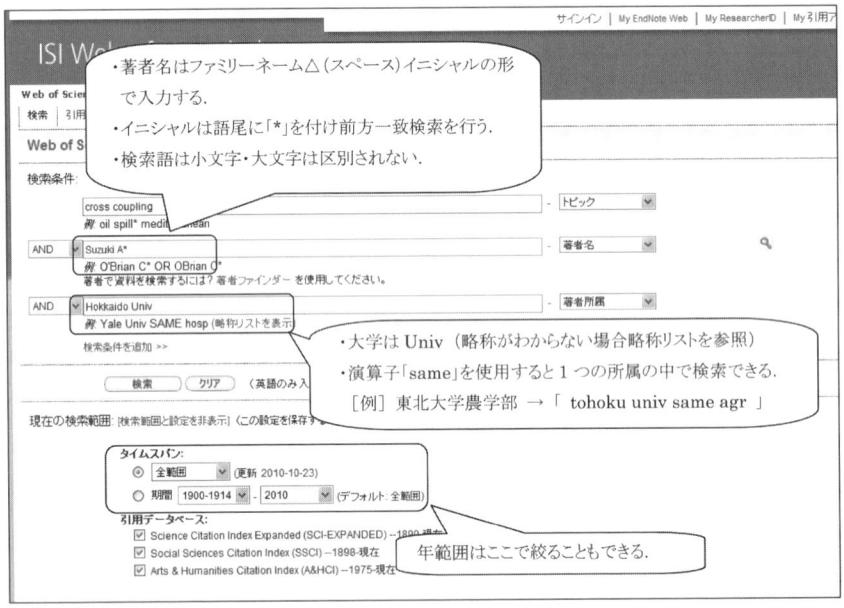

図 2.4　Web of Science の検索語入力画面②

論文のタイトル，著者名，掲載雑誌タイトル・巻号，抄録（アブストラクト）などを確認することができる．さらに詳細画面からリンクを通して，この論文が引用する論文をはじめ，さまざまな情報を得ることができる．

④ 被引用文献（次々頁図 2.7）： 詳細画面の「被引用数：〇〇」から，その論文を引用している論文一覧を確認することができる．

⑤ 引用文献（次々頁図 2.8）： 当該論文が引用する文献についても，詳細画面の「引用文献：〇〇」から，その一覧を確認することができる．
引用文献一覧にある論文名をクリックすると，その詳細画面が開く．新たな詳細画面でも被引用文献や引用文献を検索できるため，同様の操作を繰り返すことにより，論文間の引用を次々にたどることが可能である．

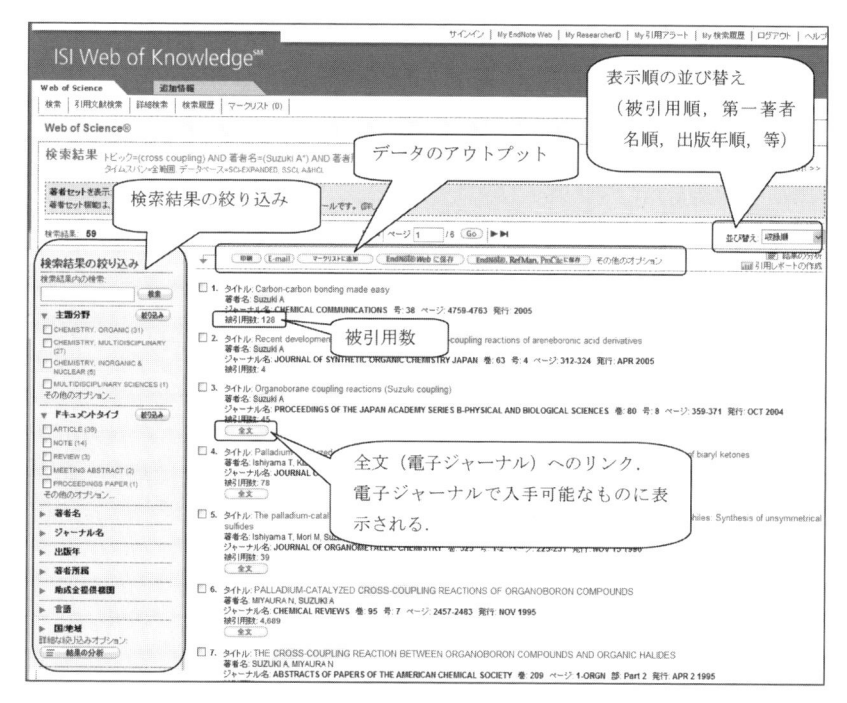

2.3 学術情報データベースの利用方法（Web of Science・PubMed の使い方）　　27

図 2.5　Web of Science の検索結果画面

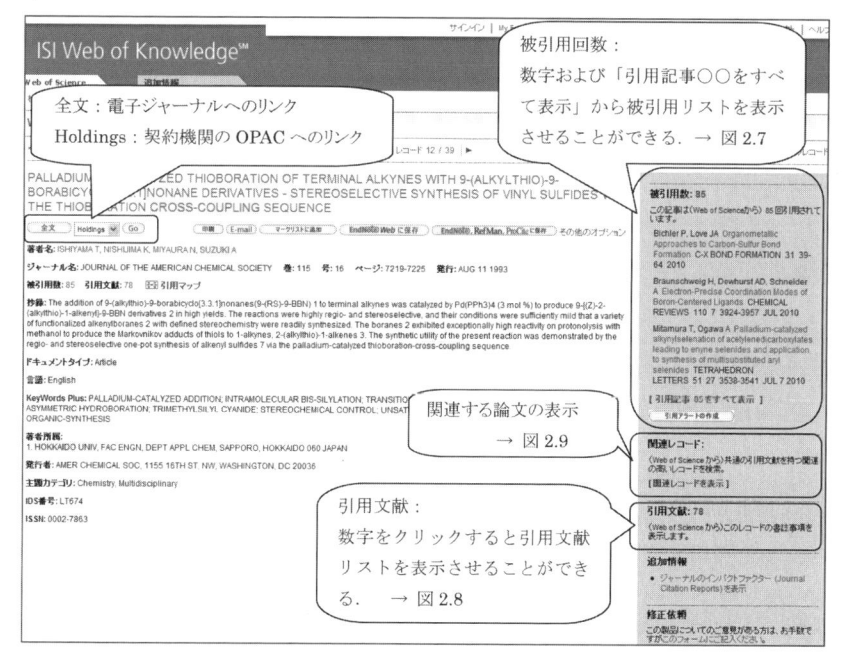

図 2.6　Web of Science の論文詳細画面

⑥関連文献（次頁図 2.9）：　同じ文献を引用している論文のリスト．詳細画面の「関連レコード：○○」から，一覧を確認できる．これらの論文は同じ文献を引用しているため，テーマや関心が近い可能性が高い．

b. 応用的な検索

・引用文献検索（Cited Reference Search）
　ある論文がどのような論文に引用されているか

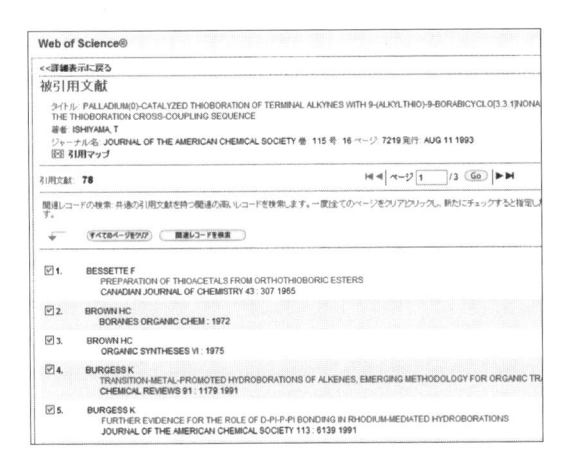

図 2.7　被引用文献表示画面

図 2.8　引用文献表示画面

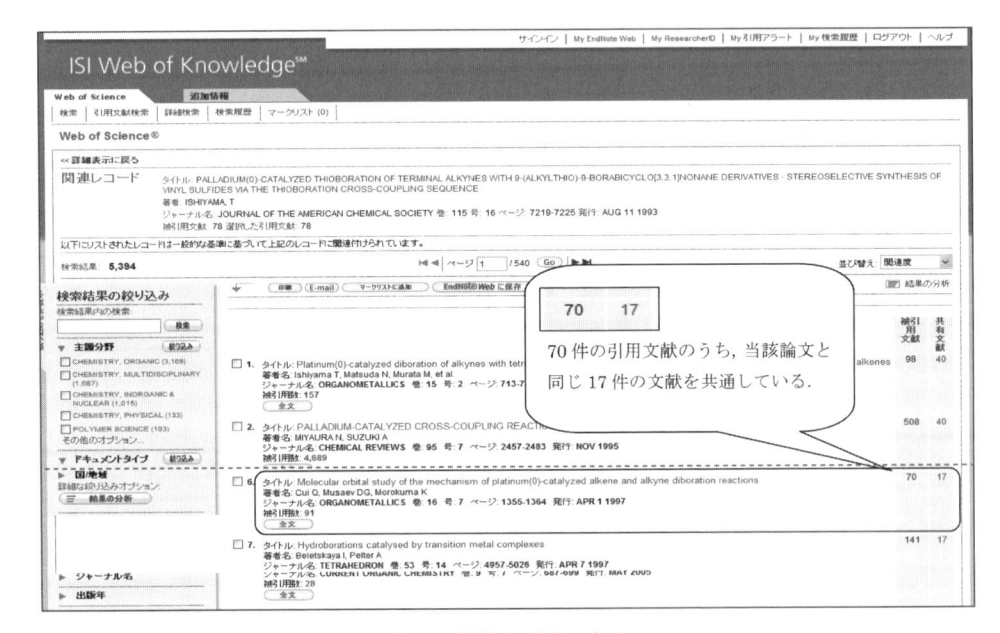

図 2.9　関連する論文の表示

を詳細に調べる検索．引用文献に関しては，基本検索の詳細画面にある被引用数リンクから確認できた．しかし，これはあくまで正確な引用情報を記載した論文のみを表示している．WoS では，引用情報は当該論文の引用文献欄をそのままデータとして利用するため，記載ミスや印刷ミスもそのまま収録されてしまう．そのため，引用のバリエーションが発生する．同じ論文の引用なのに，巻号等の誤入力のため一見異なる論文の引用のように見えるのが，引用のバリエーションである．この引用文献検索では，それらを含めた検索ができる．

[例 2]　Robert G. Edwards 氏が 1973 年，*American Journal of Obstetrics and Gynecology* 誌に発表した論文の引用文献を探す（図 2.10）．図の例では，刊行物名等の入力に，「ジャーナル略称リスト」を使用している．

2.3.2　PubMed

PubMed とは，前述の NLM が作成する MEDLINE を中心としたデータベースで，インター

図2.10 書誌情報の確認（バリエーションのチェック）

ネット上無償で利用できる．MEDLINEは医学，薬学，看護学，歯科学，獣医学，生命科学，およびその関連分野を収録対象としており，世界80ヶ国以上，約5500の学術雑誌（和雑誌約160誌を含む）の2000万件以上の文献データを収録している．各文献のデータには，書誌事項（掲載雑誌の名称・巻号・発行年等）や抄録のほか，NLMが独自に付与する索引（統制語等）がある．MEDLINEに付与されている統制語はMeSH（Medical Subject Headingsの略）と呼ばれるシソーラス（用語集）に収録されており，最新の情報に対応できるよう毎年改訂されている．

なお，PubMedにはMEDLINE以外に，出版前の文献の書誌情報や抄録，および1950年から1965年までのOLD MEDLINEのデータも収録されている（ただし，これらに統制語は付与されていない）．また，PubMedには，入力したキーワードを自動的にMeSH用語などに翻訳して検索する「Automatic Term Mapping」機能が搭載されている．

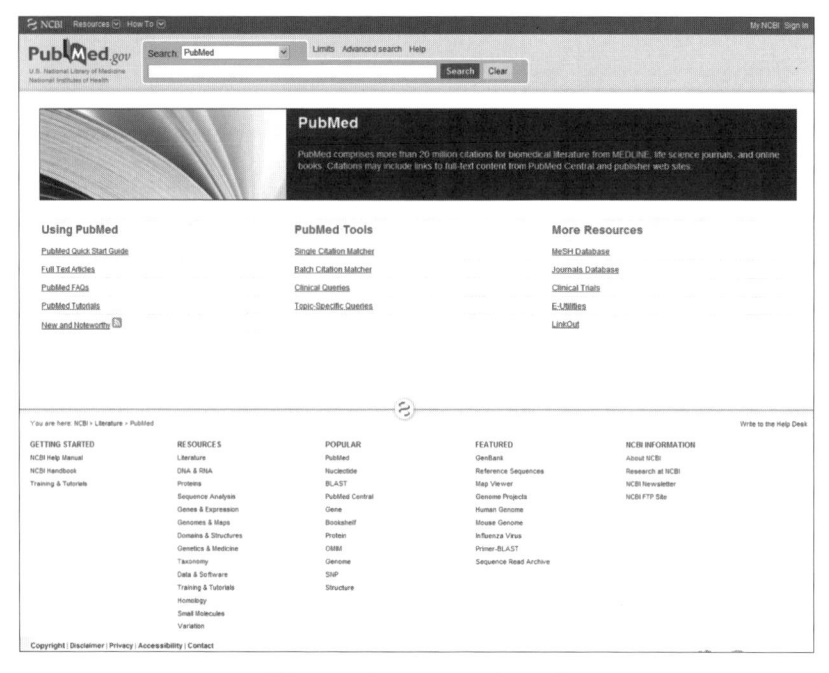

図 2.11 PubMed のフロントページ

Web of Science 同様,以降例を挙げて説明を進めていく.

a. 基本的な検索

[例 1] test tube fertilization(試験管内受精)に関する論文を探す.

① PubMed は,画面上部のクエリーボックスに検索語を入力して検索する(図 2.12).

② 検索結果の論文名をクリックして詳細画面を開く(図 2.12).

③ 詳細画面を確認する(次々頁図 2.13): 基本的な書誌情報や抄録が確認できるほか,関連論文や電子ジャーナルサイトへのリンクが表示される.

(電子ジャーナルサイトへのリンクは,通常無償で公開されている論文のみに表示される.機関によっては,ホームページ上に PubMed への専用入口をもち,機関が契約している電子ジャーナルを利用できる場合もある.ただし,利用者は機関所属者に限られる.)

b. 検索結果の絞込み(Limits)

検索語に対して条件を追加し,さらに絞り込んだ検索ができる(次々頁図 2.14).

c. Advanced Search

Advanced Search では,検索履歴を使った検索結果のかけ合わせなどができる.すなわち,AND,OR,NOT の論理演算が可能である.

●コラム● **PubMed Central とは**

図 2.12 中に何度か登場してくる "PubMed Central" とは,NLM に設置されているリポジトリ(倉庫の意:学術論文など研究成果を記録保存する)である.

現在では,NLM の上位機関である米国国立衛生研究所(National Institute of Health:NIH)の研究助成を受けている研究論文は,発行後 12 ヶ月以内に PubMed Central への登録が義務づけられているため,今後も確実な増加が見込まれている.

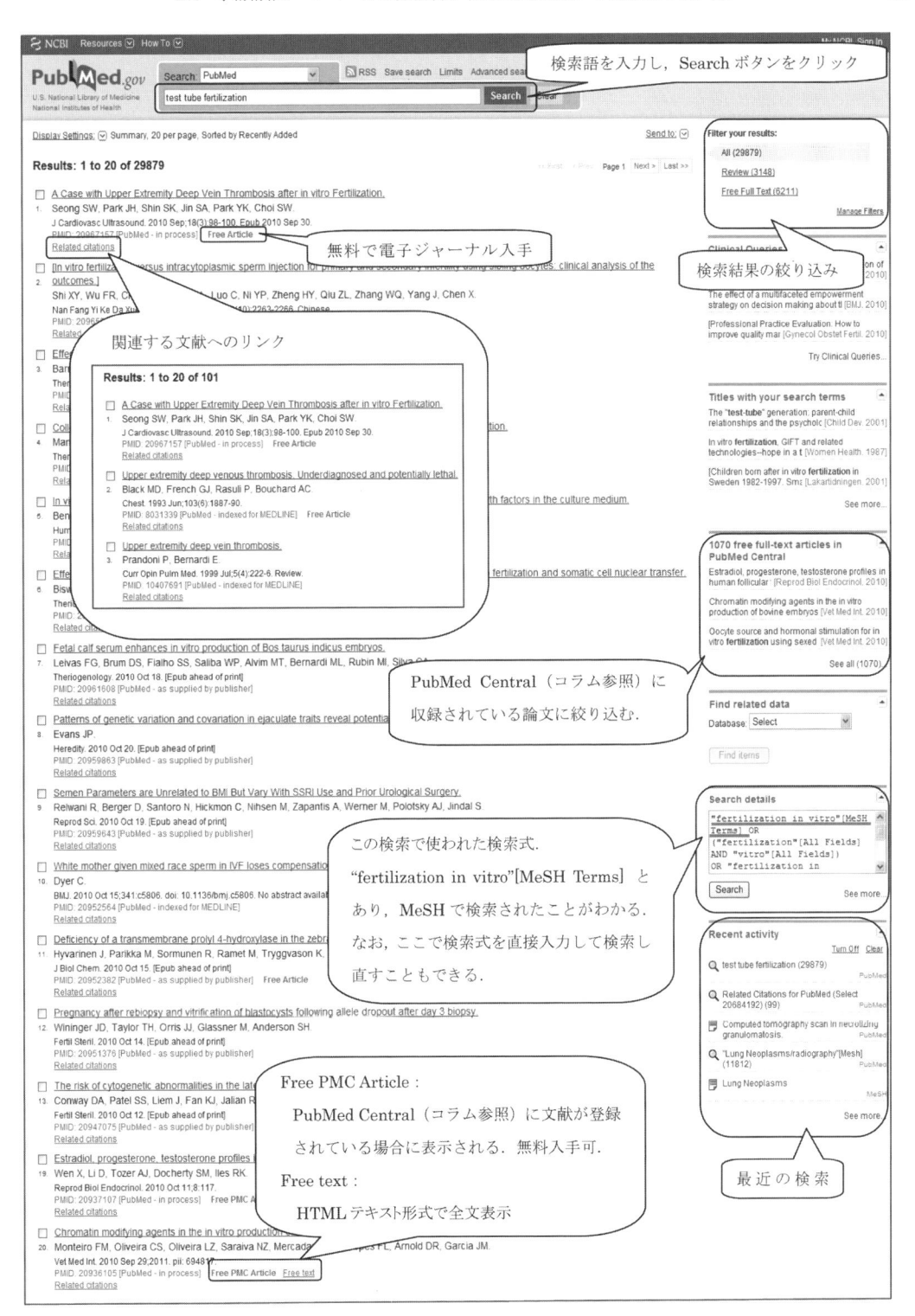

figure 2.12 PubMed による論文検索

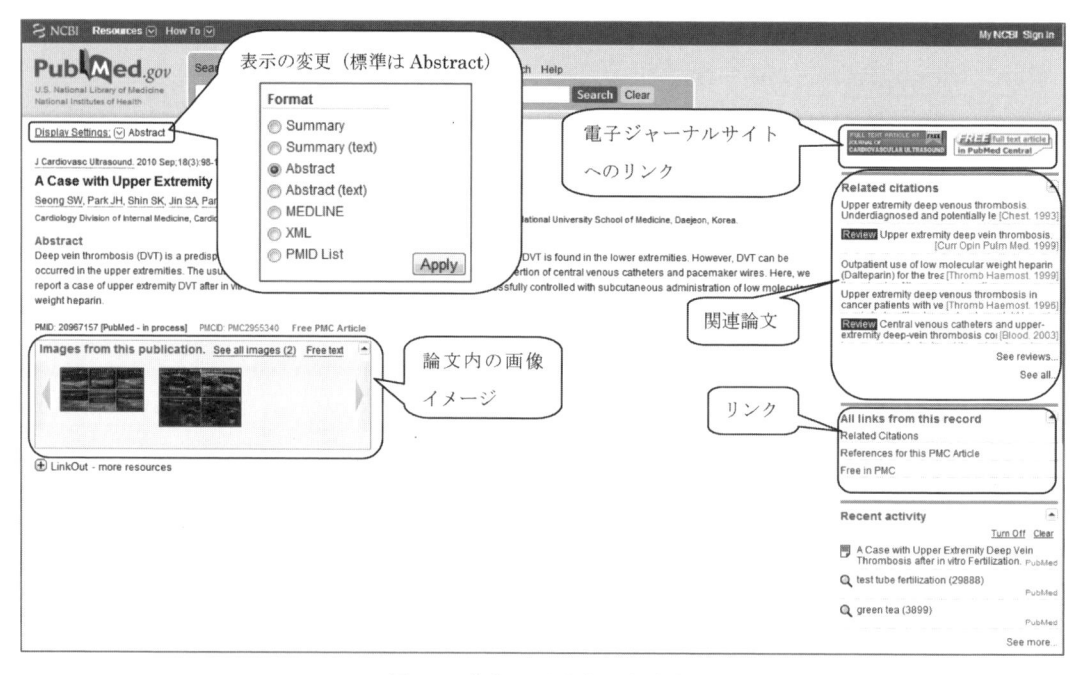

図 2.13　検索された論文の詳細情報

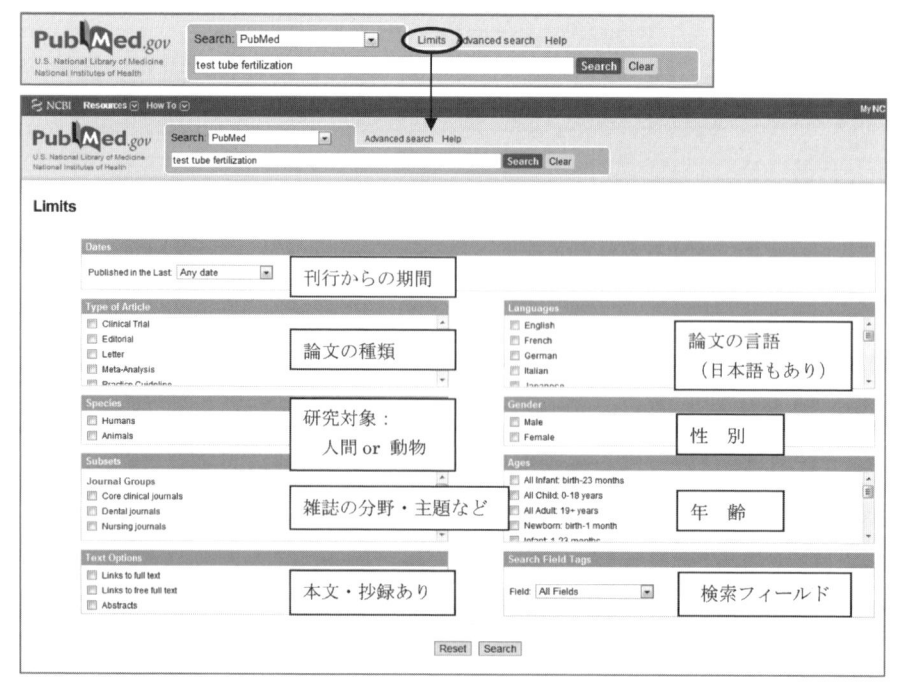

図 2.14　検索条件の追加画面

［例2］　2件の検索結果のAND検索

1番目の検索では，test tube fertilization（試験管内受精）を，2番目の検索では，domestic animals（家畜）を個別に検索した場合を例とする（図 2.15）．

PubMedでは，検索画面上部にあるAdvanced searchをクリックすることにより，これまでの検索履歴を確認することができる．検索履歴の

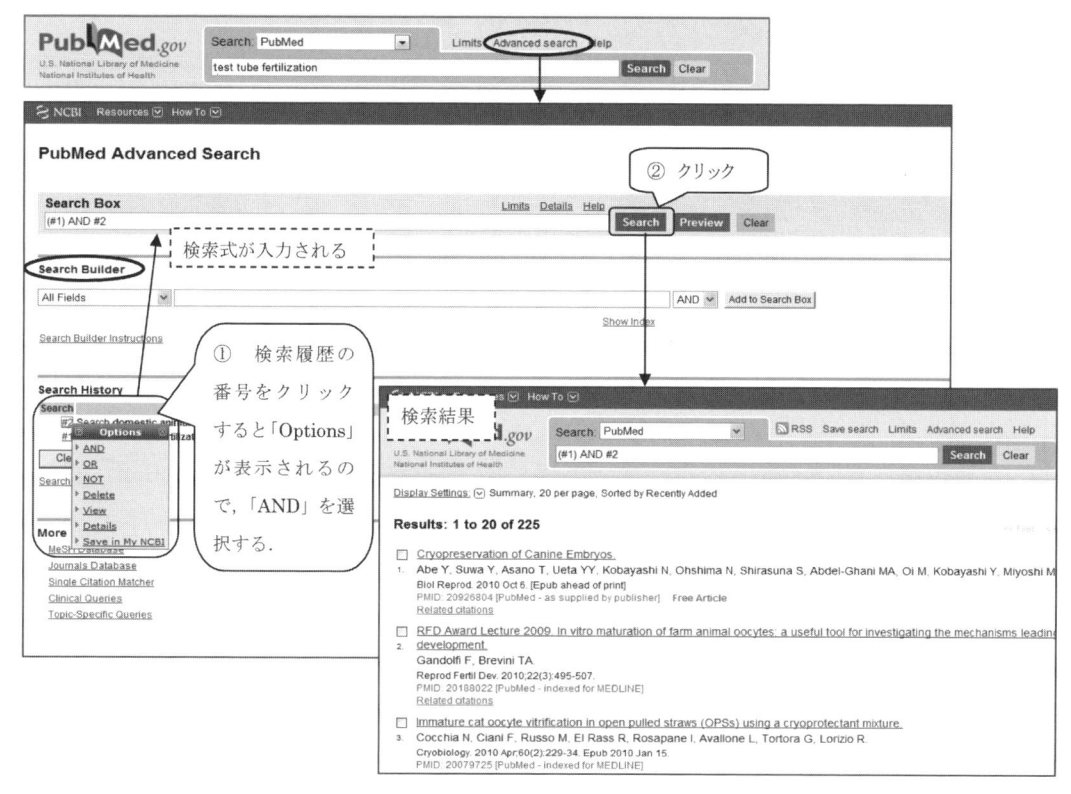

図2.15 検索結果のかけ合わせ

Search History 欄には，1番目の検索結果は#1，2番目の検索結果は#2と表示される．

したがって，test tube fertilization と domestic animals の AND 検索をするには，改めてキーワードを入力する必要はなく，検索番号#1と#2の AND 検索をすればよい．

また，Advanced search では，通常の検索語入力欄である Search Box の下に Search Builder 入力欄がある．この入力欄では，左端にあるプルダウンメニューにより，First Author や Language など，検索対象フィールドを指定することができるため，より詳細な検索が可能である．

d． MeSH を使用する検索

前述のとおり，PubMed には，入力されたキーワードを自動的に MeSH 掲載の統制語に変換して検索する機能（Automatic Term Mapping 機能）がある．しかし，Automatic Term Mapping 機能では，変換された統制語に加え検索者が入力した検索語がキーワードとして残るため，ノイズが発生する場合が多い．検索のはじめから MeSH を使うことにより，このような問題を避け，いっそう的確な結果を得ることができる．

［例3］ Lung cancer（肺癌）の radiotherapy（放射線療法）に関する論文を探す（次頁図2.16）

MeSH を使用した検索手順を以下に示す（できれば，実際に PubMed を使ってみよう）．

①基本検索の初期画面上部の Search プルダウンメニューから，Mesh を選択する．

②入力欄にキーワード lung cancer を入力し，Search ボタンをクリック．

③画面が変わり，関連する統制語が表示される．

④Lung cancer の統制語は Lung Neoplasms であることがわかる．

なお，腫瘍を表す語には Cancer，Tumor，Neoplasm などがあるが，統制語「Neoplasms」をキーワードとして使用することにより，いずれの語を含む論文も検索することができる．

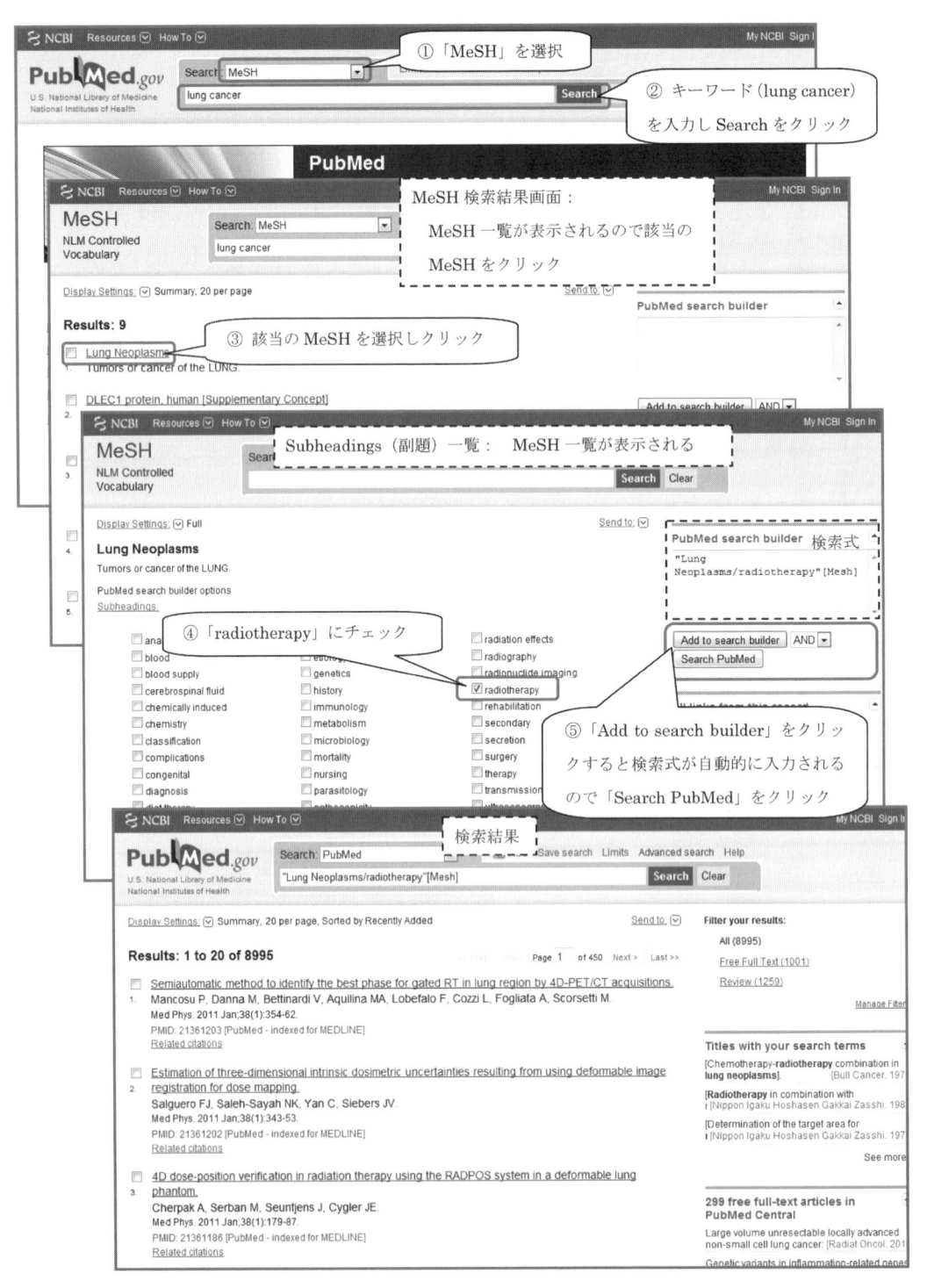

図 2.16

⑤一番上の Lung cancer をクリックする．
⑥選択した Mesh 用語 Lung Neoplasms の詳細が表示される．上位概念と下位概念も表示．

　Subheadings（サブヘディング：副標目）は，各 Mesh 用語で共通に使用される概念（分析，治療法など）を別にまとめたもので，チェックすることにより，その概念を含む論文を検索することができる．今回の例では，「□ radiotherapy」をチェックする．

⑦画面上部にある Sendto プルダウンメニューから，Search box with AND を選ぶ．
⑧Subheadings を含む Mesh 用語が検索語欄に入力される．
⑨Search PubMed をクリックすると検索結果が表示される．

2.4　お わ り に

　この本を手に取られている方々はそれぞれ，研究する環境や立場が異なるかもしれないが，研究生活の中で文献検索にさける時間が決して多くないという点では共通していると思う．自分の研究分野に適したデータベースを選び，その特徴を生かした正しい検索ができるようになれば，おのずと文献検索に割く時間を短縮することにもつながるであろう．そうなれば，これまで以上に，研究自体に時間を費やすことができるだろうし，もしかしたらほんの少し睡眠時間を延ばせるかもしれない．

　近年データベースの敷居は下がり，視覚的にどこに何を入力したらよいか，初めて使う人でもだいたいわかるようになっている．そして，その「だいたいの」使い方でも，ある程度の検索結果を得ることができるため，わざわざ時間をかけてまで正しい使い方をおぼえたいとは思わないかもしれない．しかし，一度正しい使い方をおぼえれば，前述の通り文献検索にかける時間が自然に少なくなるうえ，有益な情報を効率的に入手することができる．本書の意図とは少し異なるが，情報検索ツールを使いこなすことには時間の節約という副次的な効果もあることをぜひ知っていただきたい．本書を手に取ってくださった方々に，わずかでもそれらを提供できることを祈り，結びの言葉としたい．
〔小野寺毅〕

参 考 文 献

1) トム・マッカーサー著・光延明洋訳（1991）：辞書の世界史：粘土板からコンピュータまで，p.58-63，三省堂．
2) 東北大学附属図書館編（2010）：東北大学生のための情報探索の基礎知識：基本編 2010，東北大学附属図書館，211p．
3) 日本図書館協会情報管理委員会雑誌分科会（1976）：学術雑誌：その管理と利用，日本図書館協会，399p．
4) 野添篤毅（2007）：医学文献情報サービスから健康情報サービスへの展開：―MEDLARS から MEDLINE/PubMed，そして MEDLINEplus へ．情報管理，**50**(9)：580-593．
5) Webcat Plus 〈http://webcatplus.nii.ac.jp/ 〉
6) World Cat 〈http://www.worldcat.org/ 〉
7) Web of Science 〈機関によりアドレスは異なる〉
8) PubMed 〈http://www.ncbi.nlm.nih.gov/pubmed 〉

●コラム●　科学における不正行為

　現在の学術雑誌による査読制度は，科学者の手による「研究の捏造」や「盗用」などの科学における不正行為を見つけ出すような仕組みにはなっていません．これは，投稿論文は正直に書かれていることを前提として査読者による査読が行われているからでしょう．性善説に基づいているのです．そのため（というのは査読にかかわる我々としても残念ですが），査読を通過したものの，後に他の研究者によって捏造や盗用が発見された事例は多数あります．

　たとえば，2000年前後にかけて，世界的にも有名で日本のノーベル賞受賞者の江崎玲於奈博士も招聘研究されていた米国のベル研究所を舞台に，大掛かりな不正行為が行われていました．ドイツ人の若手研究者ヘンドリック・シェーン（Jan Hendrik Schön）博士による有機物超伝導体に関する論文は，通常の査読を経て，*Nature* や *Science* に合計16本が掲載されました．しかし，実験結果が他の研究グループではまったく再現できないことなどから疑惑がもちあがり，最終的には実験結果のグラフの捏造が判明してすべての論文が撤回されました．

　お隣の韓国では，ソウル大学教授の黄禹錫（ファン・ウソク）博士が，査読を経て *Science* 誌に2004年および2005年に相次いで発表した「ヒトES細胞」に関する論文は，後にまったくの「捏造」であったことが判明しました．この不正は査読によってではなく，ファン教授の研究チームの元研究員による内部告発および電子掲示板での若手生物学者たちによる検証により発覚したものでした．韓国では，ノーベル賞（医学・生理学賞）の受賞者がまだ1人も出ておらず，国家としての大きな焦りが背景にあったとも言われています．

　当時の新聞ではたいへん大きくこの捏造事件が取りあげられ，日本でも大きな波紋を投げかけられました．
〔齋藤忠夫〕

第3章
農学・生命科学分野での文献検索の実際

3.1 食品科学分野の文献調査法

食品科学分野は，おおよそ以下の12の学問領域に分類され，基礎から応用に至る研究が展開されている．それらは，食品化学（food chemistry），食糧化学（provisions chemistry），食品生化学（food biochemistry），食品物理学（food physics），食品工学（food engineering），食品機能学（food function），食品保蔵学（food preservation），食品製造・加工学（food manufacturing/processing），栄養化学（nutritional chemistry），栄養生化学（nutritional biochemistry），食品安全学（food safety）および食品分析学（food analysis）である．科学研究費補助金の分野・分科の中で，農学・農芸化学に食品科学の細目があり，上記の学問領域をすべてカバーしている．食品科学は，農芸化学の分科のみならず，生活科学の中の食生活学の細目や，畜産学・獣医学の畜産学・草地学の細目，農業経済学，薬学の環境系薬学，基礎医学の薬理学一般，社会医学の衛生学や公衆衛生学・健康科学，歯学の社会系歯学あるいはプロセス工学の生物機能・バイオプロセスといった分野にまで関連している．関連学問を考えると，化学や生物学の基礎から応用研究に至るさまざまな学問と密接に関連しており，食品科学とひと口にいっても，昨今のめざましい科学の進歩と学問領域の融合により，あらゆる分野に関連すると考えられる．

本節では，幅広い分野の中から，食品科学に関する情報を的確に得るための手段として，科学的根拠に基づいた情報提供を基本とする観点から，関連する学術団体や各種情報データベースを取り上げ，それらから得られる情報とその活用について記した．本内容が，食品科学分野に精通する皆さんの情報収集における効率化向上のお役に立てれば幸いである．

3.1.1 食品科学分野に関連する学術団体

わが国の科学者の内外に対する代表機関として日本学術会議がある．日本学術会議は，科学を行政，産業および国民生活に反映，浸透させることを目的として，1949年（昭和24年）1月に，内閣総理大臣所轄下において，政府から独立して職務を行う「特別の機関」として設立された．それは，わが国の人文・社会科学，生命科学，理学・工学の全分野の約84万人の科学者を代表する機関として，210人の会員と約2000人の連携会員によって担われている．その重要なミッションとして，①科学に関する重要事項を審議し，その実現を図ること．②科学に関する研究の連絡を図り，その能率を向上させること，の2つがある．②のミッションでは，広範な研究分野の連携を図るため，さまざまな分野の学術団体との密な連絡が必要不可欠となっている．食品科学分野に限らず，さまざまな分野に携わる大学の研究者をはじめとして，国および独立行政法人の研究所や企業の研究者さらには大学院生・学生に至るまで，研究活動を行う場として重要なのがこの学術団体である．学術団体とは，学問の発展や技術の普及をおもな目的として，研究者や関係者が組織する団体を意味する．日本学術会議には，「日本学術会議協力

学術団体」があり，日本学術会議と各団体との間で緊密な協力関係をもつことを目的として，従来の登録学術研究団体および広報協力学術研究団体に代わって，2005 年（平成 17 年）10 月に設けられたものである．その要件としては，①学術研究の向上発達を図ることを主たる目的とし，かつその目的とする分野における学術研究団体として活動しているものであること，②研究者の自主的な集まりで，研究者自身の運営によるものであること，③構成員（個人会員）の数が 100 人以上であること，とされている．また「学術研究団体の連合体」の場合は，3 つ以上の協力学術研究団体を含むこととされ，連合体に協力学術研究団体以外の団体が含まれる場合は，各団体が上記③以外の①および②の要件を満たすことが決められている．

日本学術会議協力学術団体に登録されている団体は，2010 年度現在で 1820 の学協会があり，そのうち主として食品科学分野に関連する学協会は36 団体ほどである（表 3.1）．その数は，全体の 2% 程度と少ないように思われるが，冒頭にも記したように，食品科学が関連する学問領域は幅広いことから，その他の団体においても多少なりとも関連することが予想される．中には，生活科学系コンソーシアムのように，いくつかの関連する学会で組織されているものもある．学協会では，関連する学問や技術の進展を国内外に公表しその普及に努めるべく，和文誌や英文誌を独自に発行している場合がほとんどである．学協会の会員であれば，それらの雑誌が手元に届くか，Web 上で文献を閲覧することができるほか，関連する複数の学協会で学会発表はもちろんのこと学術論文を投稿する機会が得られる．その場合，非会員に比べ，学会参加費や論文投稿料などの割引特典が付くケースが多い．英文誌を発行している団体は14 団体で，中には *Journal of Nutritional Science and Vitaminology* のように 2 つの学会（日本栄養・食糧学会および日本ビタミン学会）による共同発行形式をとる場合もある．近年，わが国においても英文誌の発行を海外の出版社に依頼するケースが多くなり，学会運営の関係から，今後はいくつかの関連する学会の共同発行が増加すると思われる．

食品科学に関連する内容をみると，食品の生産，加工，製造から流通に至る問題を総合的にとらえた研究から，食品成分の化学と機能を詳細に追究する内容までまさに多岐にわたる．日本咀嚼学会のように一見関係がなさそうに思えても，食品物性と咀嚼システムから人類の健康増進を考えるといった具合に，深い関連がみられる．食品には，古くより研究されてきた栄養機能（1 次機能），味覚・嗅覚応答機能（2 次機能）に加え，生体調節機能（3 次機能）が知られている．特に 3 次機能性に関する研究は，わが国が世界をリードする分野であり，昨今の健康ブームも追い風となって，多くの学会がヒトや動物の健康と密着した研究展開とその産業の発展を目指していることがうかがえる．

日本学術会議協力学術団体として登録されることによって，その学協会は，特許法第 30 条の学術団体に指定されたことになり，学協会が主催する学術講演やシンポジウム等の研究集会において発表された発明または考案について，当該発表者またはその承継人（当該特許または実用新案登録を受ける権利を承継した者）からの申請に対し，特許法第 30 条第 1 項（新規性喪失の例外）の規定の適用を受けるために必要な証明書を発行することができるようになる．これにより，発表から 6 ヶ月以内は，新規性が喪失しないことになり，発表後であっても期限内であれば特許出願が可能となる．逆に，学術団体の指定がされていない場合には，発表した時点で新規性が喪失することになり，特許出願が不可能となる．学会誌に公表した場合は，印刷体や Web 上で公開された時点で新規性が喪失される．これまで，企業では当たり前のように考えられ行われていたことが，現在では，大学研究機関でも重要視されるようになり，各機関に知財部が設置され，専門のコーディネーターが相談にあたるようになった．研究者は，研究を遂行し，新たな発見があればそれを学会で報告し，学術論文として国内外に広く公表する義務

朝倉書店〈農学関連書〉ご案内

植物ゲノム科学辞典
駒嶺穆・斉藤和季・田畑哲之・藤村達人・町田泰則・三位正洋編
A5判 416頁 定価12600円(本体12000円)(17134-1)

分子生物学や遺伝子工学等の進歩とともに,植物ゲノム科学は研究室を飛び越え私たちの社会生活にまで広範な影響を及ぼすようになった。とはいえ用語や定義の混乱もあり,総括的な辞典が求められていた。本書は重要なキーワード1800項目を50音順に解説した最新・最強の「活用する」辞典。〔内容〕アブシシン酸/アポトーシス/RNA干渉/AMOVA/アンチセンスRNA/アントシアニン/一塩基多型/遺伝子組換え作物/遺伝子系統樹/遺伝地図/遺伝マーカー/イネゲノム/他

植物ウイルス学
池上正人他著
A5判 208頁 定価4095円(本体3900円)(42033-3)

植物生産のうえで植物ウイルスの研究は欠かせない分野となっている。最近DNAの解明が急速に進展するなど,遺伝子工学の手法の導入で著しく研究が進みつつある。本書は,学部生・大学院生を対象とした,本格的な内容をもつ好テキスト。

最新応用昆虫学
田付貞洋・河野義明編
A5判 264頁 定価5040円(本体4800円)(42035-7)

標準的で内容の充実した教科書として各大学・短大で定評のある入門書。最新の知見を盛り込みさらなる改訂。〔内容〕昆虫の形態/ゲノムと遺伝子/進化史と生活環/生態・行動/害虫管理/虫体・虫産物の利用/生物多様性と環境教育/他

図説 日本の土壌
岡崎正規・木村園子ドロテア・豊田剛己・波多野隆介・林健太郎著
B5判 192頁 定価5460円(本体5200円)(40017-5)

日本の土壌の姿を豊富なカラー写真と図版で解説。〔内容〕わが国の土壌の特徴と分布/物質は巡る/生物を育む土壌/土壌と大気の間に/土壌から水・植物・動物・ヒトへ/ヒトから土壌へ/土壌資源/土壌と地域・地球/かけがえのない土壌

ステップワイズ生物統計学
及川卓郎・鈴木啓一著
A5判 224頁 定価3780円(本体3600円)(42032-6)

「検定の準備」「ロジックの展開」「結論の導出」の3ステップをていねいに追って解説する,学びやすさに重点を置いた生物統計学の入門書。〔内容〕集団の概念と標本抽出/確率変数の分布/区間推定/検定の考え方/一般線形モデル分析/他

新植物栄養・肥料学
米山忠克・長谷川功・関本均・牧野周・間藤徹・河合成直・森田明雄著
A5判 224頁 定価3780円(本体3600円)(43108-7)

植物栄養学・肥料学の最新テキスト。実学たれとの思想にのっとり,現場での応用や環境とのかかわりを意識できる記述をこころがけた。〔内容〕物質循環と植物栄養/光合成と呼吸/必須元素/共生系/栄養分の体内動態/ストレスへの応答/他

見てわかる農学シリーズ1 遺伝学の基礎
西尾剛編著
B5判 180頁 定価3780円(本体3600円)(40541-5)

農学系の学生のための遺伝学入門書。メンデルの古典遺伝学から最先端の分子遺伝学まで,図やコラムを豊富に用い「見やすく」「わかりやすい」解説をこころがけた。1章が講義1回用,全15章からなり,セメスター授業に最適の構成

見てわかる農学シリーズ2 園芸学入門
今西英雄編著
B5判 168頁 定価3780円(本体3600円)(40542-2)

園芸学(概論)の平易なテキスト。図表を豊富に駆使し,「見やすく」「わかりやすい」構成をこころがけた。〔内容〕序論/園芸作物の種類と分類/形態/育種/繁殖/発育の生理/生育環境と栽培管理/施設園芸/園芸生産物の利用と流通

見てわかる農学シリーズ3 作物学概論
大門弘幸編著
B5判 208頁 定価3990円(本体3800円)(40543-9)

セメスター授業に対応した,作物学の平易なテキスト。図や写真を多数収録し,コラムや用語解説など構成も「見やすく」「わかりやすい」よう工夫した。〔内容〕総論(作物の起源/成長と生理/栽培管理と環境保全),各論(イネ/ムギ類/他)

食品安全の事典

日本食品衛生学会編
B5判 660頁 定価24150円（本体23000円）（43096-7）

近年，大規模・広域食中毒が相次いで発生し，また従来みられなかったウイルスによる食中毒も増加している。さらにBSEや輸入野菜汚染問題など，消費者の食の安全・安心に対する関心は急速に高まっている。本書では食品安全に関するそれらすべての事項を網羅。食品安全の歴史から国内外の現状と取組み，リスク要因（残留農薬・各種添加物・汚染物質・微生物・カビ・寄生虫・害虫など），疾病（食中毒・感染症など）のほか，遺伝子組換え食品等の新しい問題も解説。

果実の事典

杉浦 明・宇都宮直樹・片岡郁雄・久保田尚浩・米森敬三編
A5判 636頁 定価21000円（本体20000円）（43095-0）

果実（フルーツ，ナッツ）は，太古より生命の糧として人類の文明を支え，現代においても食生活に潤いを与える嗜好食品，あるいは機能性栄養成分の宝庫としてその役割を広げている。本書は，そうした果実について来歴，形態，栽培から利用加工，栄養まで，総合的に解説した事典である。〔内容〕総論（果実の植物学／歴史／美味しさと栄養成分／利用加工／生産と消費）各論（リンゴ／カンキツ類／ブドウ／ナシ／モモ／イチゴ／メロン／バナナ／マンゴー／クリ／クルミ／他）

ミルクの事典

上野川修一・清水 誠・鈴木英毅・髙瀬光德・堂迫俊一・元島英雅編
B5判 584頁 定価18900円（本体18000円）（43103-2）

ミルク（牛乳）およびその加工品（乳製品）は，日常生活の中で欠かすことのできない必需品である。したがって，それらの生産・加工・管理・安全等の最近の技術的進歩も含め，さらに健康志向のいま「からだ」「健康」とのかかわりの中でも捉えられなければならない。本書は，近年著しい研究・技術の進歩をすべて収めようと計画されたものである。〔内容〕乳の成分／乳・乳製品各論／乳・乳製品と健康／乳・乳製品製造に利用される微生物／乳・乳製品の安全／乳素材の利用／他

食品技術総合事典

食品総合研究所編
B5判 616頁 定価24150円（本体23000円）（43098-1）

生活習慣病，食の安全性，食料自給率など山積する食に関する問題への解決を示唆。〔内容〕Ⅰ．健康の維持・増進のための技術（食品の機能性の評価手法），Ⅱ．安全な食品を確保するための技術（有害生物の制御／有害物質の分析と制御／食品表示を保証する判別・検知技術），Ⅲ．食品産業を支える加工技術（先端加工技術／流通技術／分析・評価技術），Ⅳ．食品産業を支えるバイオテクノロジー（食品微生物の改良／酵素利用・食品素材開発／代謝機能利用・制御技術／先進的基盤技術）

栄養機能化学（第2版）

栄養機能化学研究会編
A5判 212頁 定価3990円（本体3800円）（43088-2）

栄養化学の基礎的知識を簡潔にまとめた教科書。栄養素機能研究の急速な進展にともなう改訂版。〔内容〕栄養機能化学とは／ヒトの細胞：消化管から神経まで／栄養素の消化・吸収・代謝／栄養素の機能／非栄養成分の機能／酸素・水の機能

日本の食を科学する

酒井健夫・上野川修一編
A5判 168頁 定価2730円（本体2600円）（43101-8）

健康で充実した生活には，食べ物が大きく関与する。本書は，日本の食の現状や，食と健康，食の安全，各種食品の特長等について易しく解説する。〔内容〕食と骨粗しょう症の予防／食とがんの予防／化学物質の安全対策／フルーツの魅力／他

シリーズ〈食品の科学〉 トウモロコシの科学

貝沼圭二・中久喜輝夫・大坪研一編
A5判 212頁 定価4515円（本体4300円）（43074-5）

古くから人類に利用されてきたトウモロコシについて，作物としての性質から工業・燃料用途まで幅広く解説。〔内容〕起源と伝播／特徴，種類，栽培／育種と生産／加工／利用（食品・飼料・アルコール）／コーンスターチ／将来展望と課題

森林大百科事典

森林総合研究所編
B5判 644頁 定価26250円（本体25000円）（47046-8）

世界有数の森林国であるわが国は，古くから森の恵みを受けてきた。本書は森林がもつ数多くの重要な機能を解明するとともに，その機能をより高める手法，林業経営の方策，木材の有効利用性など，森林に関するすべてを網羅した事典である。〔内容〕森林の成り立ち／水と土の保全／森林と気象／森林における微生物の働き／野生動物の保全と共存／樹木のバイオテクノロジー／きのことその有効利用／森林の造成／林業経営と木材需給／木材の性質／森林バイオマスの利用／他

森林・林業実務必携

東京農工大学農学部『森林・林業実務必携』編集委員会編
B6判 464頁 定価8400円（本体8000円）（47042-0）

公務員試験の受験参考書，現場技術者の実務書として好評の『林業実務必携』の全面改訂版。森林科学の知見や技術の進歩なども含めて，現状に則した内容を解説した総合ハンドブック。〔内容〕森林生態／森林土壌／林木育種／特用林産／森林保護／野生鳥獣／森林水文／山地防災と流域保全／森林計画／生産システム／基盤整備／林業機械／林産業と木材流通／森林経理・評価／森林法律／森林政策／森林風致／造園／木材加工／材質改良／製材品と木質材料／木材の化学的利用／他

木材科学ハンドブック

岡野　健・祖父江信夫編
A5判 460頁 定価16800円（本体16000円）（47039-0）

木材の種類，組織構造，性状，加工，保存，利用から再利用まで網羅的に解説。森林認証や地球環境問題など最近注目される話題についても取り上げた。木材の科学や利用などに関わる研究者，技術者，学生の必携書。〔内容〕木材資源／主要な木材／木材の構造／木材の化学組成と変化／木材の物理的性質／木材の力学的性質／木材の乾燥／木材の加工／木材の劣化と保存処理／木材の改質／製材と木材材料／その他の木材利用／木材のリサイクルとカスケード利用／各種木材の諸性質一覧

森林の科学

中村太士・小池孝良編著
B5判 240頁 定価4515円（本体4300円）（47038-3）

森林のもつ様々な機能を2ないし4ページの見開き形式でわかりやすくまとめた。〔内容〕森林生態系とは／生産機能／分布形態・構造・動態／食物（栄養）網／環境と環境指標／役割（バイオマス利用）／管理と利用／流域と景観

森林フィールドサイエンス

全国大学演習林協議会編
B5判 176頁 定価3990円（本体3800円）（47041-3）

大学演習林で行われるフィールドサイエンスの実習，演習のための体系的な教科書。〔内容〕フィールド調査を始める前の情報収集／フィールド調査における調査方法の選択／フィールドサイエンスのためのデータ解析／森林生態圏管理／他

森林医学

森本兼曩・宮崎良文・平野秀樹編
A5判 384頁 定価6825円（本体6500円）（47040-6）

森林療法確立の礎に。〔内容〕I．森林セラピーと健康（背景／自然・森林セラピー／森林と運動療法／森林療法と精神療法／森林とアロマテラピー／森林薬学）II．森林・人間系の評価（森林・自然と感性医学／森林環境の設計／森林の特性と健康）

森林医学 II

大井　玄・宮崎良文・平野秀樹編
A5判 276頁 定価4725円（本体4500円）（47047-5）

2006年刊行の『森林医学』の続編。NPO法人立上げに呼応し，より深化・拡大する姿を詳述。〔内容〕これからの森林医学／世界の森林セラピー／日本の森林セラピー／森林セラピーと設計技法／資料編（全国森林セラピー基地・基地候補紹介）

最新環境緑化工学

森本幸裕・小林達明編著
A5判 244頁 定価4095円（本体3900円）（44026-3）

劣化した植生・生態系およびその諸機能を修復・再生させる技術と基礎を平易に解説した教科書。〔内容〕計画論／基礎／緑地の環境機能／緑化・自然再生の調査法と評価法／技術各論（斜面緑化，都市緑化，生態系の再生と管理，乾燥地緑化）

小動物ハンドブック ―イヌとネコの医療必携―（普及版）

高橋英司 編
A5判 352頁 定価6090円（本体5800円）（46030-8）

獣医学を学ぶ学生にとって必要な，小動物の基礎から臨床までの重要事項をコンパクトにまとめたハンドブック。獣医師国家試験ガイドラインに完全準拠の内容構成で，要点整理にも最適。〔内容〕動物福祉と獣医倫理／特性と飼育・管理／感染症／器官系の構造・機能と疾患（呼吸器系／循環器系／消化器系／泌尿器系／生殖器系／運動器系／神経系／感覚器／血液・造血器系／内分泌・代謝系／皮膚・乳腺／生殖障害と新生子の疾患／先天異常と遺伝性疾患）

現代実験動物学

笠井憲雪・吉川泰弘・安居院高志 編
B5判 228頁 定価6090円（本体5800円）（46029-2）

実験動物学の基礎を網羅した新しい標準的テキスト。〔内容〕実験動物学序説／比較遺伝学／実験動物育種学／実験動物繁殖学／実験動物飼育管理学／実験動物疾病学／比較実験動物学／モデル動物学／発生工学／動物実験技術／動物実験代替法

動物微生物学

明石博臣・木内明夫・原澤 亮・本多英一 編
B5判 328頁 定価9240円（本体8800円）（46028-5）

獣医・畜産系の微生物学テキストの決定版。基礎的な事項から最新の知見まで，平易かつ丁寧に解説。〔内容〕総論（細菌／リケッチア／クラミジア／マイコプラズマ／真菌／ウイルス／感染と免疫／化学療法／環境衛生／他），各論（科・属）

応用動物遺伝学

東條英昭・佐々木義之・国枝哲夫 編
B5判 244頁 定価6720円（本体6400円）（45023-1）

分子遺伝学と集団遺伝学を総合して解説した，畜産学・獣医学・応用生命科学系学生向の教科書。〔内容〕ゲノムの基礎／遺伝の仕組み／遺伝子操作の基礎／統計遺伝／動物資源／選抜／交配／探索と同定／バイオインフォマティクス／他

最新 家畜寄生虫病学

今井壯一・板垣 匡・藤﨑幸蔵 編
B5判 336頁 定価12600円（本体12000円）（46027-8）

寄生虫学ならびに寄生虫病学の最もスタンダードな教科書として多年好評を博してきた前著の全面改訂版。豊富な図版と最新の情報を盛り込んだ獣医学生のための必携教科書・参考書。〔内容〕総論／原虫類／蠕虫類／節足動物／用語の解説／他

図説 動物形態学

福田勝洋 編著
B5判 184頁 定価4725円（本体4500円）（45022-4）

動物（家畜）形態学の基礎的テキスト。図・写真・トピックスを豊富に掲載し，初学者でも読み進めるうちに基本的な知識が身につく。〔内容〕細胞と組織／外皮系／骨格系／筋系／消化器系／呼吸器／泌尿器／循環器／脳・神経／内分泌系／生殖器

獣医生化学

斉藤昌之・鈴木嘉彦・横田 博 編
B5判 248頁 定価8400円（本体8000円）（46025-4）

獣医師国家試験の内容をふまえた，生化学の新たな標準的教科書。本文2色刷り，豊富な図表を駆使して，「読んでみたくなる」工夫を随所にこらした。〔内容〕生体構成分子の構造と特徴／代謝系／生体情報の分子基盤／比較生化学と疾病

毒性学 ―生体・環境・生態系―

藤田正一 編
B5判 304頁 定価10290円（本体9800円）（46022-3）

国家試験出題基準の見直しでも重要視された毒性学の新テキスト。〔内容〕序論／生体毒性学（生体内動態，毒性物質と発現メカニズム，細胞・臓器毒性および機能毒性）／エコトキシコロジー／生体影響および環境影響評価法

新版 トキシコロジー

日本トキシコロジー学会教育委員会 編
B5判 408頁 定価10500円（本体10000円）（34025-9）

トキシコロジスト認定試験出題基準に準拠した標準テキスト。2002年版を全面改訂した最新版。〔内容〕毒性学とは／発現機序／動態・代謝／リスクアセスメント／化学物質の有害作用／臓器毒性・毒性試験／環境毒性／臨床中毒／実験動物他

ISBNは978-4-254-を省略

（表示価格は2011年1月現在）

朝倉書店

〒162-8707 東京都新宿区新小川町6-29
電話 直通（03）3260-7631　FAX（03）3260-0180
http://www.asakura.co.jp　eigyo@asakura.co.jp

表 3.1 日本学術会議協力学術団体の中で食品科学分野に関連の深い団体

学協会名（50音順）	食品関連内容	和文誌等	英文誌
園芸学会	果物，野菜等の品質および改良などを展開	園芸学研究	Journal of the Japanese Society for Horiticulturral Science
生活科学系コンソーシアム	生活科学関連学協会の連携を図る		
日本味と匂学会	味と匂いに関する科学の広範な研究展開を図る	日本味と匂学会誌	
日本アミノ酸学会	アミノ酸の学術研究から人類の健康向上に貢献	アミノ酸研究	
日本栄養・食糧学会	栄養学，食糧科学から国民栄養の向上に貢献	日本栄養・食糧学会誌	Journal of Nutritional Science and Vitaminology
日本栄養改善学会	栄養学，健康科学，食品科学の最新情報を提供	栄養学雑誌	
日本家禽学会	家禽生産物の向上と産業の発展に寄与	日本家禽学会誌	The Journal of Poultry Science
日本家政学会	食生活の観点から人間生活の充実と向上に寄与	日本家政学会誌	
日本官能評価学会	食品官能評価に関する研究と技術向上	日本官能評価学会誌	
日本キチン・キトサン学会	キチン・キトサン，アミノ基含有多糖類の研究	キチン・キトサン研究	
日本きのこ学会	きのこに関する学理とその応用技術	日本きのこ学会誌	
日本食育学会	食育に関する学際的研究と実践的活動	日本食育学会誌	
日本食生活学会	食の問題を総合的にとらえる研究の発展	日本食生活学会誌	
日本食品衛生学会	食品衛生に関する研究の推進および成果の普及	食品衛生学雑誌	
日本食品科学工学会	農産加工技術の向上と普及	日本食品科学工学会誌	Food Science and Technology Research
日本食品工学会	工学的な立場から食品と健康生活をつなぐ	日本食品工学会誌	
日本食品微生物学会	微生物の観点から食品安全・機能の向上を図る	日本食品微生物学会雑誌	
日本食品保蔵科学会	食品の貯蔵，加工，流通に関する技術向上	日本食品保蔵科学会誌	
日本食物繊維学会	食品の難消化性成分の学理および応用研究	日本食物繊維学会誌	
日本水産学会	水産食品化学，加工，開発，衛生に関する研究	日本水産学会誌	FISHERIES SCIENCE
日本生物工学会	発酵工学による食品産業への応用的研究	生物工学会誌	Journal of Bioscience and Bioengineering
日本咀嚼学会	咀嚼システムから人類の健康増進を考える	日本咀嚼学会誌	
日本畜産学会	畜産食品化学，加工，開発，衛生に関する研究	日本畜産学会報	Animal Science Journal
日本乳酸菌学会	乳酸菌を中心とする基礎から応用に関する研究	日本乳酸菌学会誌	（近々新雑誌が創刊予定）
日本農学会	総合的農学系学協会の集合体	シンポジウム成果概要出版	
日本農芸化学会	農芸化学を通して科学，技術，文化発展に寄与	化学と生物	Bioscience, Biotechnology, and Biochemistry
日本ビタミン学会	ビタミン学に特化し，その研究進展に貢献	ビタミン	Journal of Nutritional Science and Vitaminology
日本ビフィズス菌センター	腸内細菌の学術研究から人類の健康を考える	腸内細菌学雑誌	Bioscience and Microflora（近々新雑誌が創刊予定）
日本ブドウ・ワイン学会	ブドウ生産からワイン製造に関する研究	日本ブドウ・ワイン学会誌	American Journal of Enology and Viticulture
日本フードシステム学会	フードシステムから食品産業問題を考える	フードシステム研究	
日本分析化学会	分析化学の発展から食品分析技術の向上を図る	ぶんせき，分析化学	Analytical Science, X-ray Structure Analysis Online
日本フードサービス学会	外食産業の学術的研究を推進	日本フードサービス学会年報，RECIPE（レシピ）	
日本ペプチド学会	ペプチド科学と研究の発展に貢献	ペプチドニュースレター	
日本防菌防黴学会	食品微生物による汚染防止から生活環境浄化を図る	防菌防黴誌	Biocontrol Science
日本油化学会	脂質の科学と技術進歩から国民生活の向上に寄与	オレオサイエンス	Journal of Oleo Science
日本酪農科学会	ミルク科学を中心に研究進展と産学官の連携を図る	ミルクサイエンス	

があるが，国立大学では，法人化以降，なかば企業と同じ経営体として，知財を大切に考えその管理を行う傾向が強まった．特許は，確かに知財を守る意味ではきわめて重要となるが，2010年ノーベル賞を受賞した鈴木章博士が開発したクロスカップリング法は，開発当時の大学の風潮もあって特許をまったく取得しておらず，そのことが逆に全世界で広く使われることになり，結果としてノーベル賞に結びついたということもある．ノーベル賞を目指すなら，やみくもに特許を取得することは得策ではなく，その時々で状況判断が必要かもしれない．

2010年度現在では日本学術会議協力学術団体に登録されていないが，食品科学に関連する学協会がそのほかにも多く存在する．それらの団体を表3.2にまとめた．

国内には，ある特定の個人（大手企業の創業者や皇族など）や企業などの法人から拠出された財産を基本として設立された財団法人がある．財団法人は，基本財産の運用益である金利等をおもな原資として事業を行うものである．その中にも，食品科学分野に関係するものがあり，おもな財団を表3.3にまとめた．それらは，食品と健康，食品産業の健全的な発展，あるいは食の安全性に関する受託試験を通してサポートする内容が多い．中には，助成財団センターのように，学術研究の

表3.2 その他の食品科学分野に関連する学協会等

学協会名（50音順）	食品関連内容	和文誌等	英文誌
食品技術士センター	食品関連グループで，食品業界の技術向上に寄与		
食品品質保持技術研究会	加工食品の品質保持技術の改善および開発を図る	発行資料	
中央畜産会	畜産の振興のための事業を展開	畜産コンサルタント	
日本缶詰協会	缶詰産業の発展および製品の向上を図る研究・調査	缶詰時報	
日本食肉研究会	食肉および食肉加工品に関する研究と産業振興	食肉の科学	
日本食品衛生協会	食品衛生法に基づく自主衛生管理の実施	食品衛生研究，食と健康	
日本食品化学学会	食品および食品関連化学物質に関する研究と調査	日本食品化学学会会誌	
日本食品機能研究会	食品の三次機能の科学的解明と食品による免疫力強化	食品の機能性・学術報告（Web）	
日本食品照射研究協議会	食品照射およびこれに関連する学術・産業振興を図る	食品照射	
日本食品添加物協会	食品添加物の正しい知識の普及に貢献		
日本食品包装協会	食品包装に関わる関連団体および消費者等の連携強化	食包協会報，広報	
日本食品保健指導士会	健康食品に関する正しい理解と有効利用		
日本食品免疫学会	食品の免疫調節機能に関する科学的根拠を提供	日本食品免疫学会会報	（近々新雑誌が創刊予定）
日本農林規格協会（JAS協会）	JAS法に基づいて農林物質の品質改善を図る	JAS規格書	
日本輸入食品安全協会	安全・安心な輸入食品の提供関する活動	新訂食品添加物インデックス，新訂Q&A食品輸入ハンドブックなど	
日本冷凍食品協会	冷凍食品の安定供給と食料資源の有効利用	冷凍食品情報	

表3.3 食品科学分野に関連する財団法人

学協会名（50音順）	食品関連内容	和文誌等	英文誌
食品産業センター	食品産業の健全な発展と新たな社会問題の解決	明日の食品産業，食品産業統計年報など	
食品薬品安全センター	食品の安全性試験の受託と安全性試験法の開発	秦野研究所年報	
助成財団センター	財団法人などの助成プログラム，事業案内，事業報告書などを収集のうえ，閲覧サービスを行う	助成団体要覧など	
日本健康・栄養食品協会	適切な健康・栄養食品の情報提供	健康補助食品規格基準集，健康補助食品GMPガイドラインなど	
日本食品化学研究振興財団	食品化学に関する研究助成から食品安全確保を図る	研究成果報告書	
日本食品分析センター	食品分析試験を通して健康と安全をサポートする	JFRLニュース（Web）	
日本冷凍食品検査協会	食の安全と安心を守る総合的に食品検査を行う		
バイオインダストリー協会	産官学の連携から生物産業の発展に貢献	バイオサイエンスとインダストリー	*Japan Bioindustry Letters*

資金援助に関する情報をまとめてデータベースとして検索可能とし，公開しているものもある．

最近，食品が関係する事件が国内外で頻発しているが，それを防ぐ意味で，食品が製造され販売される過程やその後の安全性に至るまで，じつにさまざまな法律により規制されている．たとえば，食品表示に関しては，食品衛生法，JAS法，景品表示法あるいは計量法などの法律がかかわっている．食品にかかわる問題を統率する省庁も厚生労働省，農林水産省や消費者庁などに分散している．1991年9月に現厚生労働省認可のもとスタートした「特定保健用食品制度（通称トクホ）」は，2009年12月には，発足したばかりの消費者庁にその業務が移管された．それに伴い，食品衛生法が一部改正されるなど，食品にかかわる法律も食品科学の発展とともに変化している．それらの法律は，場合によっては食品科学分野の発展の妨げになるようにも見えるが，ヒトや動物の健全性を考えると必要不可欠なものである．表3.4に，食品科学分野に関係するおもな政府機関，国際機関および国内の主として政府が支援する研究機関（一部民間も含む）についてまとめた．食品の安全性に関しては，国際機関であるコーデックス委

図3.1 厚生労働省のホームページで公開されているコーデックス委員会の情報および関連リンク

員会（CODEX alimentarius）により国際的に定められた基準がある．日本を含め，各国ではこの基準に従って統率を図ることが推奨されている．

表3.4 食品科学分野に関連するおもな機関および研究所

機関および研究所名（50音順）	URL*
（政府機関）	
科学技術振興機構	http://www.jst.go.jp/
厚生労働省	http://www.mhlw.go.jp/
消費者庁	http://www.caa.go.jp/
特許庁	http://www.jpo.go.jp/indexj.htm
農林水産省	http://www.maff.go.jp/
文部科学省	http://www.mext.go.jp/
（国際機関）	
Activities of the EU-Agriculture（EU）	http://europa.eu/pol/agr/index_en.htm
AgNIC（Agriculture Network Information Center）	http://www.agnic.org/
CODEX Alimentarius（食品衛生基準委員会）	http://www.codexalimentarius.net/web/index_en.jsp
FAO（国連食糧農業機関）	http://www.fao.org/
FDA（The Food and Drug Administration）	http://www.fda.gov/
USDA（米国農務省）	http://www.usda.gov/wps/portal/usda/usdahome
WHO（世界保健機関）	http://www.who.int/foodsafety/en/
（国内の研究機関）	
国立医薬品食品衛生研究所	http://www.nihs.go.jp/index-j.html
国立健康・栄養研究所	http://www.nih.go.jp/eiken/
食品需給研究センター	http://www.fmric.or.jp/
全国農業会議所	http://www.nca.or.jp/
全国農業協同組合連合会（JA全農）	http://www.zennoh.or.jp/
独立行政法人　農業・食品産業技術総合研究機構	http://www.naro.affrc.go.jp/
中央農業総合研究センター	http://narc.naro.affrc.go.jp/
作物研究所	http://nics.naro.affrc.go.jp/
果樹研究所	http://fruit.naro.affrc.go.jp/
野菜茶業研究所	http://vegetea.naro.affrc.go.jp/
畜産草地研究所	http://nilgs.naro.affrc.go.jp/
動物衛生研究所	http://niah.naro.affrc.go.jp/index-j.html
食品総合研究所	http://nfri.naro.affrc.go.jp/
生物系特定産業技術研究支援センター	http://brain.naro.affrc.go.jp/
独立行政法人 農業生物資源研究所	http://www.nias.affrc.go.jp/
独立行政法人　農畜産業振興機構	http://www.alic.go.jp/
独立行政法人　農林水産消費安全技術センター	http://www.famic.go.jp/
農林水産技術会議	http://www.s.affrc.go.jp/
農林水産省農林水産政策研究所	http://www.maff.go.jp/primaff/index.html

*：2010年12月時点のもの．これらのURLは機関の改組等の事情により変更されることがあり得る．

厚生労働省や農林水産省をはじめとする関係省庁は協力して，コーデックス委員会に出席し食品の国際基準の策定に貢献するとともに，国内の基準策定に反映させている．わが国のコーデックス委員会にかかわる情報については厚生労働省ホームページから閲覧することができる（図3.1）．

それぞれの機関における広範な調査により，食品科学分野に関連する有用なデータベースが構築され公開されている．中には一部の学協会のように会員制の場合もあるが，ほとんどがパブリックデータベースとして一般に公開され誰でも自由に閲覧することができる．それらのおもなものについては次項で概説する．

3.1.2 食品科学関連の文献（特許を含む）検索および成分検索

一般に，無料で文献検索を行う場合よく使われるのがPubMedである．PubMedは，米国国立生物工学情報センター（NCBI：National Center for Biotechnology Information）が一般公開している医学関係文献データベースであり，世界最大の医学文献データベースMEDLINEの全文献も含まれている．著者やタイトルキーワードで簡単に検索ができるほか，遺伝子やタンパクの情報もリンクしているので有用なデータベースである．おそらく科学系の関係者であれば誰もが必ず使う検索サイトであると思う．インターネットを介し

た文献検索についての詳細は，本書2章を参照してもらいたい．PubMedにおいて，食品科学分野における多くの文献を検索することができるが，残念ながらすべてカバーしているわけではない．国内の和文誌を含め，海外誌であっても検索対象から外れている場合がある．そのため，食品科学分野に関係する文献をより効率的に検索する方法が必要となる．それらに対応するため，インターネット上にさまざまな検索サイトが公開されている．それらは，食品科学分野に関係した雑誌リストにリンクをはって公開しているものも含め，著者名やキーワードを入力して検索することができる．それらは無料で公開されているものが多いが，中には有料のものもある．ここでは，PubMed，MEDLINE，CA Search や Google Scholar などの多くの分野の研究論文情報が検索できるもの以外で，食品科学分野に有用なおもな検索サイトについて表3.5にまとめた．

英語論文については，一部を除けば，PubMed，MEDLINE，CA Search や Google Scholar 等で

表3.5 食品科学分野の文献検索に有用なもの（PubMed や MEDLINE などの広範なデータベース以外）

検索サイト名（アルファベット順）	提供内容
（国内）	
AGROLib（農林水産文献ライブラリ）	農林水産分野の研究報告学・協会誌等の全文をPDFで閲覧できる．
AGROPEDIA	農林水産研究に関係するさまざまなデータベースを集めたもの（AGROLib，JASIも含まれる）．
GeNii（学術コンテンツ・ポータル）	国立情報学研究所（NII）が提供するコンポーネント（CiNii，Webcat Plus，科学研究費補助金データベース，学術研究データベース・リポジトリ，JAIRO）を統合的に検索することができる．
JASI（日本農学文献記事索引）	国内で毎年発行される農林水産関係の学術雑誌約500誌に掲載された論文等の書誌情報を収録．
研究成果情報	農林水産関係の独立行政法人等試験研究機関や公立試験研究機関で，新たに得られた知見や開発された技術を公開．
RECRAS（研究課題・研究業績データベース）	農林水産関係独立行政法人および都道府県試験研究機関において実施されている研究課題および研究業績（論文等）の情報を提供．
Web-OPAC（農林水産関係試験研究機関総合目録）	農林水産研究情報センターおよび農水省が所管する試験研究機関が所蔵する図書資料の所在情報．
（海外）	
AGORA（Access to Global Online Research Agriculture）	農学関連の論文雑誌のリストと雑誌ホームページへのリンクを提供（Food Science/Nutritionをカテゴリーに設定すると，関連雑誌のリストが現れ，それぞれのホームページに入ることができる）．
AGRICOLA（Agricultural onLine access）	米国国立農学図書館（USDA National Agricultural Library）が作成する農学文献の書誌情報データベース．
AGRIS（International Information System for the Agricultural Sceince and Technology）	FAOが世界の約200ヶ国および国際機関の協力のもとに作成・提供している農林水産分野に関する世界の文献・書誌情報（抄録付与25%）．
Foodline®: Science	世界の食品科学・技術に関する最新の公開情報が検索可能．
Foods Adlibra™	食品工業の動向に関する主要な研究開発と技術の進歩，加工法，包装，特許など．
FSTA（Food Science and Technology Abstracts®）	食品科学，食品技術，ヒトの栄養学に関連する食品に関する主題を幅広く収録．
Inside Conferences	英国国立図書館原報サービス（British Library Document Supply Centre：BLDSC）が作成し，1993年10月以降BLDSCが受け入れた世界各国の会議，シンポジウム，展示会，ワークショップなどの資料を収録．
NTIS（National Technical Information Service）	米国政府の後援で行われた研究・開発・技術および連邦政府機関やその委託または助成先による分析の概要を収録．

ほとんど検索可能であるが，和文誌をはじめ，学会やシンポジウム内容等や国内における研究成果情報などの検索にはその他のデータベースに頼る必要がある．AGROPEDIAのように国内の農林水産関係の研究成果情報と海外の検索サイトを含め総合的にサイト情報を提供するものがある．国立情報学研究所（NII）では，GeNii（ジーニー）の統合検索システムを提供している．GeNiiの構成は，NII論文情報ナビゲータであるCiNii（サイニイ），NII図書情報ナビゲータのWebcat Plus，科学研究費補助金データベースのKAKEN，学術研究データベース・リポジトリのNII-DBRおよび学術機関リポジトリポータルのJAIRO（ジャイロ）からなる．

CiNiiは，国内の学術論文を中心とした論文情報を一部有料で提供している．Webcat Plusにより，図書や雑誌を所蔵している大学図書館等を知ることができるほか，「連想検索機能」により，対象とするテーマに関連した図書を効率よく探すことができるユニークな機能がある．明治以前の古い図書から最新図書（毎週追加される）まで検索でき，目次や内容情報も得ることができる．KAKENは，文部科学省および日本学術振興会が交付する科学研究費補助金により行われた研究に関して，採択課題と研究成果の概要（研究実績報告，研究成果概要）を収録している．研究成果に含まれる公表論文等にはリンクがはられ，該当する論文を画面に出すことができる．詳細検索の研究分野一覧から農芸化学の中の食品科学を選択して検索してみると，1673件（2010年10月現在）が検索される．本節冒頭で述べたように，農芸化学以外の分野・分科の中にも食品科学に関連するものがあり，それらの検索も容易にできる．NII-DBRは，学術研究機関や研究者が作成した各分野の専門的なデータベースを受入一括して公開しているもので，現在29のデータベースが収録されている．JAIROは，日本の学術機関リポジトリに蓄積された学術情報を横断的に検索できるシステムで，2010年10月現在，学術雑誌論文（239910件），紀要論文（441113件），会議発表論文（58755件），学位論文（49603件），会議発表用資料（8758件），図書（18556件），テクニカルレポート（6045件），研究報告書（16836件），一般雑誌記事（39415件），プレプリント（335件），教材（5225件），データ・データベース（13587件），ソフトウェア（8件），その他（120526件）が収録されており，本文はすべてPDFの形式で得ることができる．

海外では，米国国立農学図書館（USDA National Agricultural Library）が作成するAGRICOLAの詳細な書誌データベースがある．AGRICOLAは，学術論文，雑誌記事，モノグラフ，特許，翻訳，マイクロフォーム，ソフトウェア，技術報告書などの書誌事項のレコードで構成され，農学の幅広い分野をカバーしている．その中で，主として食品科学分野に焦点をあてた検索サイトがあり，Foods Adlibra™，Foodline®：ScienceやFSTA（Food Science and Technology Abstracts®）がある．Foods Adlibra™は，General MillsのFoods Adlibra Publicationsが作成し，250点以上の定期刊行物を収録する冊子体のFoods Adlibraに対応している．さらに高度な専門的研究誌500点以上から重要な記事を選択的に収録しているほか，特許，Federal Registerや米国特許庁のOfficial Gazetteなどの政府刊行物，企業・大学・学協会のニュースリリースからも関連情報を収録している．Foodline®：Scienceでは，食品に関連する成分，プロセス技術，微生物学，包装，化学，バイオテクノロジー，安全性，栄養学などのすべてが対象となり，世界の食品科学・技術に関する最新の公開情報が検索可能である．また，FSTAは，International Food Information Service（IFIS Publishing）が作成した食品科学の研究開発では決定版であり，食品科学・食品技術，食品に関連したヒトの栄養学などに関する抄録を最も豊富に収録する著名なデータベースである．

食品科学分野が関連する学術論文は多岐に渡るが，トムソン・ロイター社のデータベースであるISI Web of Knowledge℠の中のJournal Citation

Reports に 2010 年 10 月現在収録されている雑誌名で，Food を含むものを検索してみると，収録 7387 誌中 68 誌であった．また，FOOD SCIENCE & TECHNOLOGY のカテゴリーに含まれる雑誌（118 誌）についてインパクトフェクター（impact factor：IF）順に表 3.6（次頁）にまとめた．（IF の説明については，3.5.6 項を参照されたい）．表にある Cited Half-life（被引用半減期）とは，引用された雑誌がその年に受けた総被引用回数を年度別に遡って，その累計パーセントが 50％にあたる年に至るまでの年数を示すもので，引用論文の新しさの割合や文献が引用され続ける期間の尺度となり，いわゆる文献の寿命を表すものである．つまり，Cited Half-life が長い雑誌は，その雑誌が長く引用され続ける基本的な論文を多く含むことを示し，また，短い雑誌は，掲載されるテーマの移り変わりが早いことを示すものともいえる．

一般に，総説のみを掲載する雑誌（レビュー誌）や総説を多く掲載する雑誌は，掲載論文数が少なく引用度が高くなるため，結果として比較的 IF が上昇する傾向にある．IF により論文の質が決まるわけではないが，カテゴリー中の上位にランクする雑誌は，その分野で知名度のある雑誌が多く，論文掲載の難易度も比較的高い．食品科学分野では，*Nature* 誌のように，IF が 10 や 20 を超える高い雑誌はないが，近年，3 ないし 4 を超える雑誌も出てきた．日本の学会誌では，日本生物工学会の *J. Biosci. Bioeng.* や日本農芸化学会の *Biosci. Biotech. Bioch.* が，1～2 点の間で推移し，日本食品科学工学会の *Food Sci. Technol. Res.* も IF がついている．日本のその他の関連雑誌については，その他のカテゴリーに分類されており，関連するカテゴリーは，AGRICULTURE, DAIRY & ANIMAL SCIENCE, AGRICULTURE, MULTIDISCIPLINARY, ALLERGY, BIOCHEMICAL RESEARCH METHODS, BIOCHEMISTRY & MOLECULAR BIOLOGY, CHEMISTRY, ANALYTICAL, CHEMISTRY, APPLIED, ENDOCRINOLOGY & METABOLISM, FISHERIES, GASTROENTEROLOGY & HEPATOLOGY, IMMUNOLOGY, INFECTIOUS DISEASES, NUTRITION & DIETETICS, PHYSIOLOGY, TOXICOLOGY, VETERINARY SCIENCES, VIROLOGY など多岐にわたる．ISI Web of Knowledge の Journal Citation Reports では，カテゴリー検索の他，すべての雑誌リストを見ることもできるし，雑誌名（フルタイトル，略称やタイトルに含まれる単語）で検索が可能である．IF の過去 5 年間の推移も棒グラフで見ることができる．

特許や実用新案に関する情報は，無料で検索できる体制が整っているが，国内における情報は，特許庁の特許電子図書館（Industrial Property Digital Library：IPDL）（p.48 図 3.2）により Web で検索可能である．検索は，たとえばフロントページから特許・実用新案検索に入り公開テキスト検索（p.48 図 3.3）で，要約，請求項の範囲あるいは公報全文からキーワードで検索が可能である．ちなみに，それらすべてに「食品」と入れてみると，17965 件（2010 年 10 月現在）がヒットした．一覧表示はヒット件数 1000 件以内のときに可能であるので，Web 上で内容を閲覧したい場合には，さらに絞り込みが必要となる．その他，発明者，出願日や公開日等でも検索が可能であり，最近では検索除外条件も入力することができるようになり，検索効率が上がった．

食品成分に関しても有用なデータベースがある．文部科学省が提供する食品成分データベース（Food Composition Database）は，現在試験的に公開されており，Web ページにアクセスすると，現在のアクセスランキングおよび食品成分ランキングがフロントページに現れる．このデータベースは，五訂増補 日本食品標準成分表（平成 17 年 1 月 24 日 文部科学省 科学技術・学術審議会 資源調査分科会 報告）および 五訂増補 日本食品標準成分表 脂肪酸成分表編（平成 17 年 1 月 24 日 文部科学省 科学技術・学術審議会 資源調査分科会 報告）をデータソースとして，食品成分に関するデータをインターネット上で公開して

表3.6 FOOD SCIENCE & TECHNOLOGY のカテゴリーに分類される英文誌リスト

Rank	Abbreviated Journal Title	ISSN	Impact Factor	5-Year IF	Cited Half-life
1	MOL NUTR FOOD RES	1613-4125	4.356	4.247	0.718
2	TRENDS FOOD SCI TECH	0924-2244	4.051	5.601	0.288
3	CRIT REV FOOD SCI	1040-8398	3.725	5.654	0.822
4	FOOD MICROBIOL	0740-0020	3.216	3.191	0.515
5	FOOD HYDROCOLLOID	0268-005X	3.196	3.556	0.713
6	FOOD CHEM	0308-8146	3.146	3.606	0.800
7	CHEM SENSES	0379-864X	3.031	2.884	0.571
8	INT J FOOD MICROBIOL	0168-1605	3.011	3.458	0.398
9	J CEREAL SCI	0733-5210	2.490	2.844	0.492
10	J AGR FOOD CHEM	0021-8561	2.469	3.051	0.303
11	FOOD CONTROL	0956-7135	2.463	2.526	0.650
11	J DAIRY SCI	0022-0302	2.463	2.942	0.491
13	J FOOD COMPOS ANAL	0889-1575	2.423	2.913	0.519
14	FOOD RES INT	0963-9969	2.414	2.964	0.241
15	INT DAIRY J	0958-6946	2.409	2.971	0.380
16	BIOTECHNOL PROGR	8756-7938	2.398	2.580	0.216
17	J FOOD ENG	0260-8774	2.313	2.523	0.432
18	POSTHARVEST BIOL TEC	0925-5214	2.311	2.611	0.429
19	FOOD BIOPROCESS TECH	1935-5130	2.238	2.238	0.460
20	INNOV FOOD SCI EMERG	1466-8564	2.174		
21	FOOD ADDIT CONTAM A	0265-203X	2.131	2.527	0.226
22	FOOD CHEM TOXICOL	0278-6915	2.114	2.552	0.498
22	LWT-FOOD SCI TECHNOL	0023-6438	2.114	2.259	0.477
24	PLANT FOOD HUM NUTR	0921-9668	2.016	2.178	0.417
25	J FOOD PROTECT	0362-028X	1.96	2.206	0.221
26	MEAT SCI	0309-1740	1.954	2.408	0.399
27	FOOD QUAL PREFER	0950-3293	1.941	2.336	0.324
28	FOODBORNE PATHOG DIS	1535-3141	1.896	2.480	0.140
29	AUST J GRAPE WINE R	1322-7130	1.872		0.194
30	EUR J LIPID SCI TECH	1438-7697	1.831	1.849	0.224
31	J AM OIL CHEM SOC	0003-021X	1.803	1.965	0.190
32	J BIOSCI BIOENG	1389-1723	1.749	2.174	0.205
33	FOOD POLICY	0306-9192	1.606	2.044	0.190
34	J FOOD SCI	0022-1147	1.601	1.813	0.203
35	LAIT	0023-7302	1.600	1.245	
36	FOOD NUTR BULL	0379-5721	1.588		0.972
37	FOOD ANAL METHOD	1936-9751	1.400	1.400	0.263
38	J MED FOOD	1096-620X	1.390	1.745	0.073
39	J SCI FOOD AGR	0022-5142	1.386	1.674	0.152
40	FOOD BIOPHYS	1557-1858	1.371	1.714	0.146
41	EUR FOOD RES TECHNOL	1438-2377	1.370	1.653	0.228
42	J DAIRY RES	0022-0299	1.343	1.704	0.271
43	COMPR REV FOOD SCI F	1541-4337	1.333	3.714	0.786
44	BIOSCI BIOTECH BIOCH	0916-8451	1.326	1.472	0.201
45	FOOD REV INT	8755-9129	1.324	1.879	0.190
46	CEREAL CHEM	0009-0352	1.314	1.663	0.229
47	INT J FOOD SCI NUTR	0963-7486	1.313	1.604	0.063
48	J TEXTURE STUD	0022-4901	1.308	1.634	0.070
49	FLAVOUR FRAG J	0882-5734	1.266	1.371	0.154
50	J AOAC INT	1060-3271	1.216	1.645	0.093
51	INT J FOOD SCI TECH	0950-5423	1.172	1.431	0.183
52	AM J ENOL VITICULT	0002-9254	1.171	1.749	0.200
53	J FOOD LIPIDS	1065-7258	1.070	1.354	0.136
54	J SENS STUD	0887-8250	1.059	1.158	0.039
55	PACKAG TECHNOL SCI	0894-3214	1.013	1.326	0.098
56	CHEMOSENS PERCEPT	1936-5802	1.000	1.000	0.091
56	J I BREWING	0046-9750	1.000	0.976	0.059
58	FOOD TECHNOL BIOTECH	1330-9862	0.976	1.573	0.295
59	FOOD BIOPROD PROCESS	0960-3085	0.952	0.950	0.167
60	AGR FOOD SCI	1459-6067	0.925	0.865	0.029
61	FOOD ADDIT CONTAM B	1939-3210	0.905	0.905	0.000
62	INT J DAIRY TECHNOL	1364-727X	0.885	1.456	0.062
63	J FOOD PROCESS ENG	0145-8876	0.846	0.991	0.088
64	STARCH-STARKE	0038-9056	0.832	1.484	0.125
65	INT J FOOD PROP	1094-2912	0.820	0.994	0.097

(次頁に続く)

（表3.6続き）

Rank	Abbreviated Journal Title	ISSN	Impact Factor	5-Year IF	Cited Half-life
66	IRISH J AGR FOOD RES	0791-6833	0.806	0.868	0.000
67	J AM SOC BREW CHEM	0361-0470	0.795	0.862	0.182
68	J FOOD BIOCHEM	0145-8884	0.779	1.154	0.102
69	J INT SCI VIGNE VIN	1151-0285	0.771	0.750	0.136
70	GRASAS ACEITES	0017-3495	0.760	0.706	0.034
71	BRIT FOOD J	0007-070X	0.752		0.282
72	NAT PROD COMMUN	1934-578X	0.745	0.749	0.131
73	J FOOD NUTR RES	1336-8672	0.655		0.120
74	J FOOD SAFETY	0149-6085	0.646	0.844	0.120
75	LISTY CUKROV REPAR	1210-3306	0.645		0.231
76	CEREAL FOOD WORLD	0146-6283	0.642	0.693	0.042
77	J FOOD DRUG ANAL	1021-9498	0.630	0.587	0.068
78	FOOD AGR IMMUNOL	0954-0105	0.612	0.565	0.062
79	CZECH J FOOD SCI	1212-1800	0.602	0.763	0.020
80	J FOOD QUALITY	0146-9428	0.600	0.793	0.039
81	DAIRY SCI TECHNOL	1958-5586	0.574	0.596	0.091
82	FOOD DRUG LAW J	1064-590X	0.526	0.517	0.031
83	J RAPID METH AUT MIC	1060-3999	0.525	0.589	0.049
84	FOOD BIOTECHNOL	0890-5436	0.521	0.708	0.091
85	ACTA ALIMENT HUNG	0139-3006	0.505	0.520	0.038
86	J ESSENT OIL RES	1041-2905	0.498	0.719	0.045
87	J MUSCLE FOODS	1046-0756	0.469	0.842	0.057
88	FOOD SCI TECHNOL INT	1082-0132	0.467	0.950	0.036
89	J AQUAT FOOD PROD T	1049-8850	0.444		0.034
90	FOOD TECHNOL-CHICAGO	0015-6639	0.422	0.867	0.136
91	J FOOD PROCESS PRES	0145-8892	0.421	0.702	0.060
92	DEUT LEBENSM-RUNDSCH	0012-0413	0.407	0.360	0.129
93	MILCHWISSENSCHAFT	0026-3788	0.406	0.464	0.090
94	FOOD SCI TECHNOL RES	1344-6606	0.401	0.532	0.054
95	ITAL J FOOD SCI	1120-1770	0.386	0.596	0.000
96	J FOOD HYG SOC JPN	0015-6426	0.374	0.364	0.060
97	AGRIBUSINESS	0742-4477	0.354		0.129
98	J FOOD AGRIC ENVIRON	1459-0255	0.349		0.125
99	AUST J DAIRY TECHNOL	0004-9433	0.341	0.486	0.071
100	FOOD AUST	1032-5298	0.341	0.408	0.250
101	RIV ITAL SOSTANZE GR	0035-6808	0.340		0.000
102	KOREAN J FOOD SCI AN	1225-8563	0.339		0.065
103	ARCH LEBENSMITTELHYG	0003-925X	0.338	0.365	0.069
104	INT J FOOD ENG	1556-3758	0.326	0.414	0.049
105	J FOOD SCI TECH MYS	0022-1155	0.318	0.324	0.035
106	S AFR J ENOL VITIC	0253-939X	0.314	0.457	0.167
107	J VERBRAUCH LEBENSM	1661-5751	0.309		0.112
108	CIENC TEC VITIVINIC	0254-0223	0.300		0.000
109	CIENCIA TECNOL ALIME	0101-2061	0.276		0.007
110	INT SUGAR J	0020-8841	0.256	0.230	0.034
111	ZUCKERINDUSTRIE	0344-8657	0.196	0.182	0.000
112	AGRO FOOD IND HI TEC	1722-6996	0.191	0.175	0.037
113	J JPN SOC FOOD SCI	1341-027X	0.153	0.177	0.022
114	SCI ALIMENT	0240-8813	0.133	0.207	
115	J OIL PALM RES	1511-2780	0.113		0.000
116	FLEISCHWIRTSCHAFT	0015-363X	0.088	0.073	0.059
117	CIENC TEC ALIMENTAR	1135-8122	0.086	0.079	
118	CYTA-J FOOD	1947-6345			0.034

いるものである．また，食品総合研究所では，農作物中の各種成分の情報を公開している．今後，組換え技術を利用した開発が予想される農作物を中心に，食用部位の栄養成分等の分析を行い，安全性評価を実施する際に利用できるデータベースとして発展が期待されている．そのほか，同研究所では，MRV（Microbial Responses Viewer）が公開されており，国際予測微生物データベースComBaseに収録されているデータから抽出した，食品環境における微生物の増殖／非増殖データが検索可能となった．本データベースの活用によって，対象とする微生物の食品環境条件における増

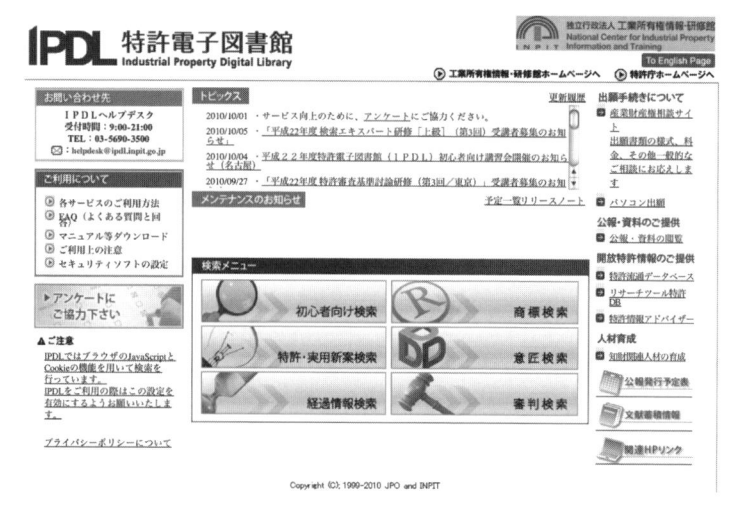

図 3.2 特許電子図書館 (IPDL) のフロントページ

図 3.3 特許電子図書館のテキスト検索画面

殖可能性と増殖速度を調べることができる．データベースは開発途中のベータ版であるため，ユーザーからの意見によりさらなる発展が期待されている．また，国立医薬品食品衛生研究所では，生鮮食品および加工食品中の天然由来の食品添加物自然含有量を調査し，データベースとして公開している．また，独立行政法人 国立健康・栄養研究所では，食品と健康に関連して，「特別用途食品」「栄養療法エビデンス」情報（図 3.4），「健康食品」の安全性・有効性情報，機能性食品因子データベース（図 3.5）などを公開している．さらに，食品関連の学会からもオリジナルなデータベースを公開しているものがある．たとえば，日本栄養・食糧学会が提供している「食品の遊離アミノ酸含量表」，日本生物工学会からの「発酵食品データベース」や会員限定ではあるが，日本食品免疫学会から「食品免疫学文献データベース」が公開されている．その他，多くのデータベースがあるので，各自関連する学協会のホームページを訪れて見ていただきたい．

3.1.3 文献整理およびその活用

学術文献情報は，Web 上で検索し PDF 等の形式で入手できればそれで OK というわけではなく，内容を熟読した後は，学術論文や総説等を作成するときに引用文献として利用したり，きれいに描

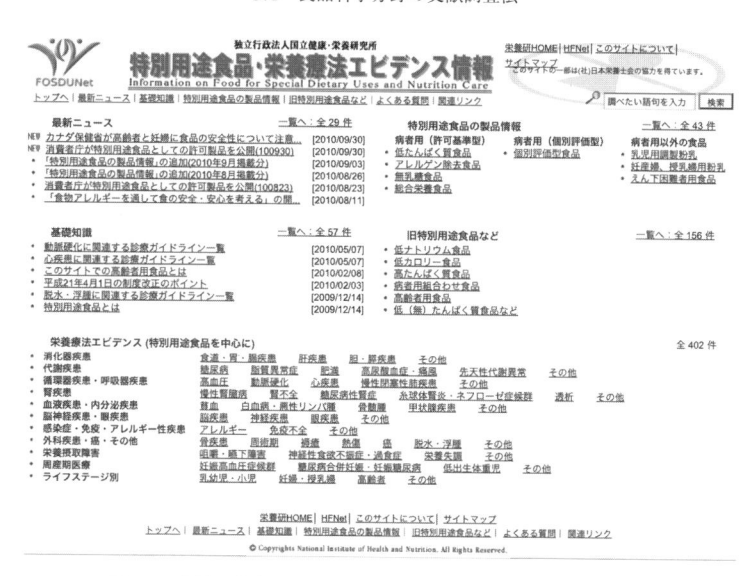

図 3.4　特別用途食品・栄養療法エビデンス情報のフロントページ

図 3.5　機能性食品因子データベースのフロントページ

かれた図を，シンポジウム等の講演で一部利用することが多い．入手直後は記憶に新しいのでコンピュータ上のフォルダー等をおぼえているが，数年経って再度見たい場合に雑誌名も忘れて見つからず，再度文献検索することがよくある．俗に，検索後保存をして安心してしまうケースである．後になって文献情報を活用するためには，いかに効率よく文献整理を行い，保存した文献情報から必要な時にスピーディーに検索でき，また必要な形で整えられるかが決め手となる．

文献整理において世界中の研究者に愛用されているものに EndNote（トムソン・ロイター社，日本での販売元：ユサコ）がある．EndNote は，学術文献情報の検索結果データおよびファイルを管理し，学術論文作成時に，引用文献リスト作成と本文中への文献番号等の付与を自動的に行う論文作成支援ソフトとして特化されている．PubMed をはじめとする各種データベースとリンクでき，学術文献情報を簡単に取り込めることから，各自のデータベースが簡単に構築できる．学術論文は雑誌によってスタイルが異なり，特に引用文献中の年号の位置からピリオドやカンマの

使い分けに至るまで細かく決められている．EndNote は，これまで手作業であったスタイルの変換も自動に行われ，本文中引用記号と巻末のリストを即座に自動生成および変換される点がすぐれている．また，MS Word にアドイン連動し，MS Word 上で EndNote の機能を使用することができる点も，論文作成時には有効である．文献整理を MS Excel や FileMaker Pro で行っている人も多いが，それらで管理している文献情報もインポートすることができるので，EndNote への移行も問題ない．ちなみに，著者は，Mac OS 上で Papers（mekentosj.com）も使用しているが，PubMed から文献 PDF ファイルを自動ダウンロードし，整理するためのアプリケーションとして使いやすい．最近では，iPhone と iPad 用も販売され，Mac OS があればデスクトップのデータと同期可能なので，コンピュータがない環境でも検索整理が制御できる．今後，音楽のライブラリソフトと同様に，文献のライブラリソフトも，「使いやすく機能的」にさらに進化し続けるであろう．

文献情報のその他の利用法として，シンポジウム等でのプレゼンテーションにおける活用があげられる．プレゼンテーションの善し悪しは，使用するファイル等における画像や映像の出来ぐあいに左右される．美しいスライドやハイテクなほど聴衆の目にとまり，見にくいスライドほど聴衆をがっかりさせる．文献 PDF の図を MS PowerPoint に直接コピーする場合があるが，文字がつぶれたり見えなかったりと好ましくない．著者は，MS PowerPoint の他，アップル社によって開発された iWork の中の Keynote を使いプレゼンテーションを行っている．Keynote は，美しい画像や映像を組み込んだプレゼンテーションを簡単に作成でき，PowerPoint ファイルの読み込みや書き出しはもちろんのこと，PDF，HTML の他，QuickTime（ムービー）にも変換できる．さらに，iPod にも書き出しが可能であることから，歩きながらプレゼンテーションの予行演習も可能である．Keynote に PDF ファイル（文献を 1 ページずつに分割後）を挿入後，マスク機能を使って必要箇所をトリミングすれば，鮮明な画像が作成できる．

3.1.4 おわりに

わが国は，超長寿国に位置づけられて久しいが，高齢化社会において食品成分と健康増進に関する興味関心は今後ますます高まるものと予想される．一方で，遺伝子組換え食品の安全性や導入の是非については賛否両様の議論が続き，また病原性細菌汚染，BSE，鳥インフルエンザさらには薬剤耐性菌など，食の安全にかかわる新たな危険因子も次々と浮上してきている．それらのリスクを低下させることは，食品の安全性を担保するうえできわめて重要である．食品の機能性成分等の情報のみならず，食品中の健康危害因子に関する情報を厚生労働省や農林水産省等のホームページよりリアルタイムで入手し，ニーズにあった研究・開発のアイデア創出につなげることはたいへん有意義である．

筆者が学生・院生のころは，図書館に行って，文献情報をノートに書き写したり，必要ならばコピーをとったりした時代であるが，投稿論文も郵送による交信で時間もかなりかかっていた．また，投稿論文に使うグラフは，レタリングセットを使い，シンボルも専用フィルムからこすって貼って使っていた．学会発表のスライドは，描いた図表を暗室でネガフィルムに撮影し，ジアゾフィルムを使ったいわゆる青焼きや，白黒反転の機械で作成していた．その技術も，研究室配属当初，研究室の教職員に教えてもらい訓練したものだった．それだけ研究にもゆとり（時間）がある時代であったかもしれない．現在は，欲しい情報はほとんどがインターネットを介して研究室の机の上で入手でき，図書館へ行く機会も極端に減った．また，グラフィックソフト等を駆使すれば，プロさながらの美しい図が描けてしまう．それゆえ，研究も情報戦争に突入し，情報収集や情報発信の時間が極端に短くなった．そのことが，「研究成果をより速く」が求められる風潮につながることは

好ましくないが，重要な成果が得られたら世の中により速く情報発信することは必要なことである．そのためには，近年のめざましいインターネットの発展を大いに活用し，文献等の情報を的確かつスピーディーに得ることで，研究・開発のための発想をじっくりと練る時間にゆとりがもてるようになればと思う． 〔北澤春樹〕

3.2 水産科学分野の文献調査法

本節では水産科学分野の情報検索に関して，著者が知っている情報と，著者が所属する大学の海洋生物科学系の同僚から教えてもらったウェブサイトの情報を紹介する．構成は海洋学から始まり，海洋生物一般，著者の専門とするプランクトン，海藻，魚貝類，分子生物学，魚貝類の成分，魚病，外来種，と続けた．これで水産科学分野の全体をカバーしているとはとても言えないが，何らかの点で読者の参考になれば幸いである．

今日，研究分野の細分化，高度化に伴ってデータベースやウェブツールの利用方法が複雑化・専門化しており，研究者や技術者，それらを志す初学者が必要とする情報やツールに到達し，かつ，それらを使いこなすことは容易ではない．統合TV（http://togotv.dbcls.jp/，図3.6）は，生命科学分野の有用なデータベースやウェブツールの活用法を動画で紹介するウェブサイトである．このサイトは，利用者が必要とするデータベースやウェブツールに容易にアクセスし，利用できるようにするために作られている．たとえば，PubMed，Entrez，Primer3，NCBI BLAST，NCBI Gene Expression Omnibus，Ensembl，UCSC Genome Browser，ClustalW，BioMart，統計解析ソフトR，Chimera，アナトモグラフィー，Jabionなどである．

3.2.1 海 洋 学

海洋学のすぐれた教科書にPaul R. PinetのInvitation to Oceanography[1]があり，その第4版は翻訳されて東海大学出版会から出版されている．本書にはOceanLinkというウェブサイト（http://www.jbpub.com/oceanlink）が用意されていて，海洋学の学習の便宜がはかられている（次頁図3.7）．ただし英語である．Tools for LearningにはFigure labeling exerciseというのがあって海洋のさまざまな領域の名称を問う問題が用意されている．「show the answer」をクリックすると解答をみることができる．「crosswords」は文字通り海洋学の用語に関するクロスワードパズルである．「flashcards」は与えられた定義に当てはまる用語を入力するもので，もちろん正解を見ることができる．またglossaryもあって，意味のわからないあるいは確かめたい用語を入力すると簡潔な定義が与えられる．

もっと本格的な海洋学に関するウェブサイトとしてEncyclopedia of Ocean Sciences[2]がある（次頁図3.8）．初版は紙媒体であったが，第2版はウェブヴァージョンのみで，契約していないと利用できない．アルファベット順に項目が並べられており，各項目では専門家による詳細な解説

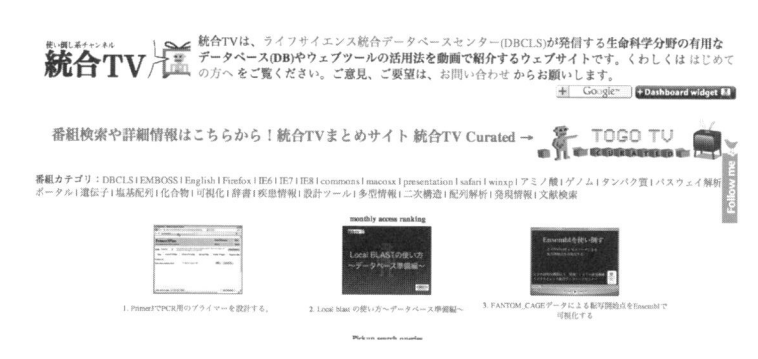

図3.6 統合TVのフロントページの上部

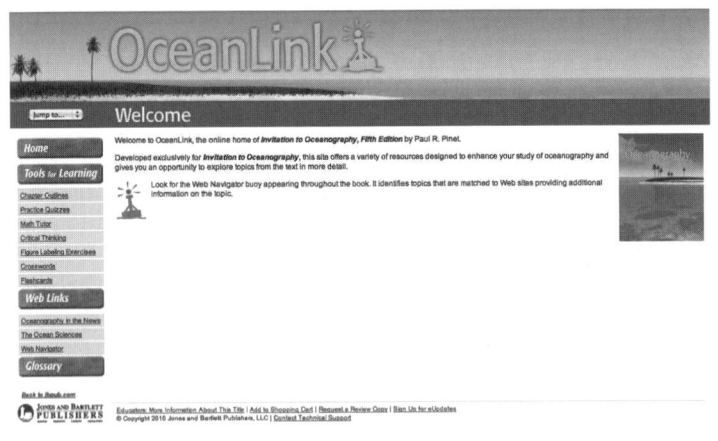

図 3.7 OceanLink のフロントページ

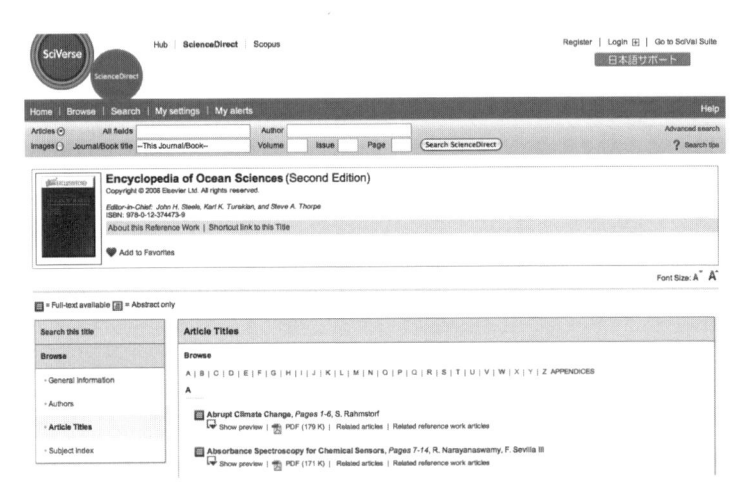

図 3.8 Encyclopedia of Ocean Sciences (Second Edition) の上部

がなされている．関連する項目で閲覧できるもののリスト，関連論文の PDF ファイルが得られるのも利点の 1 つである．

3.2.2 海洋生物一般

まず海洋生物に限らず，生物一般の分類学的位置や系統進化の最新情報が記載されている「きまぐれ生物学」というサイトがある（http://www2.tba.t-com.ne.jp/nakada/takashi/, 図 3.9）．制作したのは慶應大学先端生命科学研究所の仲田崇志氏で，本サイトは 2007 年に日本進化学会教育啓蒙賞を受賞している．このサイトで特筆すべきは最新の「生物分類表」であろう．「地質年代表」もかなり詳しい．同サイトには，生物の属名もリストアップされていて，多くの分類群に拡張

されつつある．「系統解析」では，さまざまな手法による系統図の書き方を，プログラムのインストールから始まって，初歩から教えてくれる．リンク集では命名規約の全文（動物，植物，細菌それぞれ別々に命名規約が作られている）が見られるほか，学会，研究組織のホームページ情報がある．ラテン語を英語に翻訳するサイトの紹介もある．

海洋生物に関しては，Census of Marine Life （http://www.coml.org/）というプロジェクトで作成されたサイトがあり，ツールバーの「Results & Publication」から「Maps & Visualization」を選択すると図 3.10 の画面になる．さらに「Around the Globe With the Census of Marine Life」をクリックして（図 3.11），ツールバーの

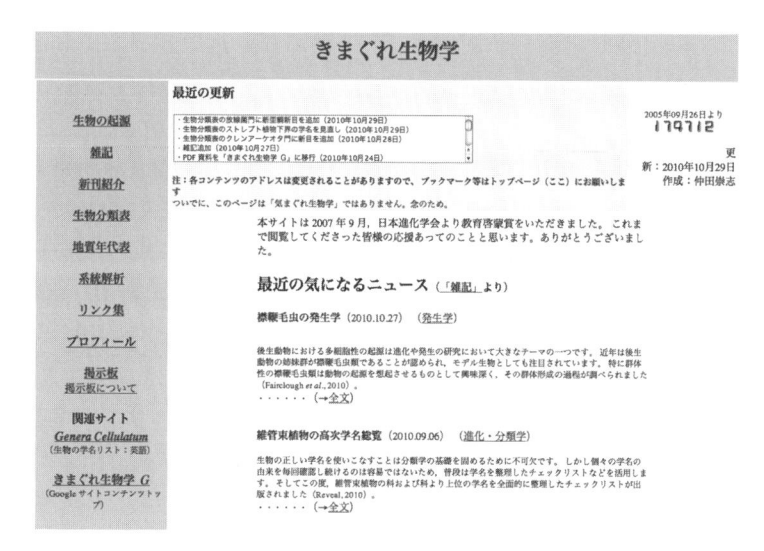

図 3.9　きまぐれ生物学のフロントページの上部

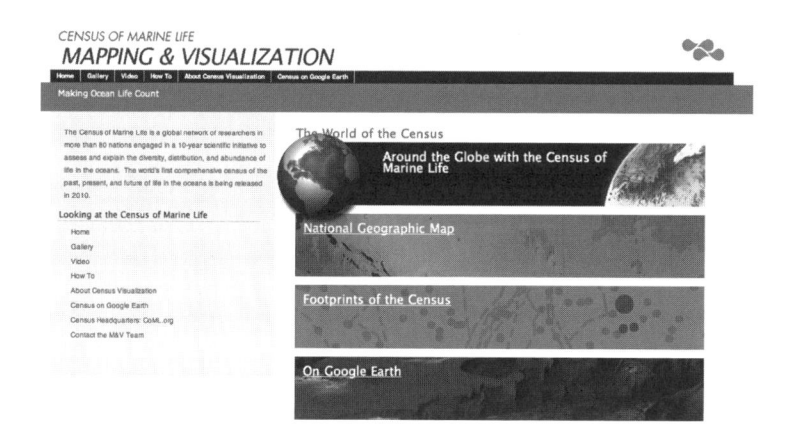

図 3.10　Census of Marine Life で，ツールバーの「Results & Publication」から「Maps & Visualization」を選択すると現れる画面

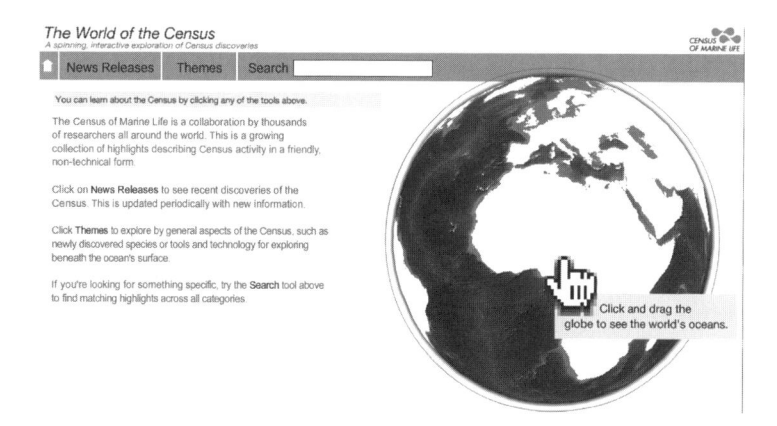

図 3.11　図 3.10 の画面で「Around the Globe with the Census of Marine Life」をクリックすると現れる画面

「Themes」を選択すると，新しい科学的発見や新たに発見された種の情報が表示されると同時に，地図上にその位置が示される．またツールバーの「Search」に適当な語句を入力すると，同様に情報と地図上の位置が表示される．ここに種名や一般名（和名）を入力するとその生物の情報（画像，分類学的位置，世界における分布など）が得られる．また，図3.10の画面で，「National Geographic Map」をクリックすると，図3.12の画面になり，上部の「Diversity, Distribution, Abundance」をクリックすると，それに関連する情報を含んだズーム可能な巨大な地図が現れる．また下部の「Past, Present, Future」をクリックすると，同様にそれらに関連した地図が現れる．

OBIS（Ocean Biogeographic Information System）というサイト（http://iobis.org/ja/home）はこのCensus of Marine Lifeで得られた情報も含めて，世界中の海洋生物のデータを検索できるサイトである（図3.13）．また，海水温や塩分，深度とともに動植物の分布を地図上にプロットすることもできる．現在はUNESCOのIOC（政府間海洋学委員会）にその運営が引き継がれている．ツールバーのデータ検索を選択して（図3.14），左の「動植物検索ウィンドウを表示」をクリックすると動植物検索の画面が現れる．学術名または和名から種を指定すると，その種に関する種々の情報が得られる．具体的には，種の分類学的位置，他の情報システム（Encyclopedia of Life, Cata-

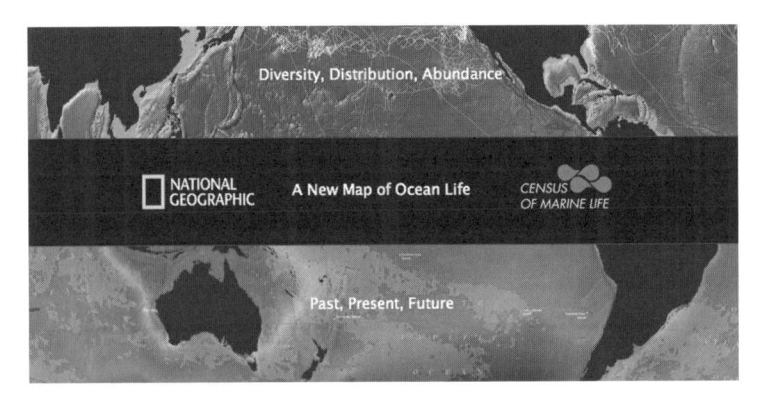

図3.12 図3.10の画面で「National Geographic Map」をクリックすると現れる画面

図3.13 OBIS（Ocean Biogeographic Information System）のフロントページ

log of Life, World Register of Marine Species (WoRMS), Integrated Taxonomic Information System (ITIS), Barcode of Life, GenBank, Google Images, Google Scholar, uBio, Species-identification.org, FAO fact sheet) へのリンクが表示される．同様に図 3.14 の画面で「データセットウィンドウを表示」をクリックすると，データセットの情報が表示される．たとえば筆者の専門であるオキアミ類の学名 *Euphausia pacifica* を入力すると「他の情報システムへのリンク」が表示され，その「Encyclopedia of Life」をクリックすると，本種の分布図が，現在，潜在的に分布可能な海域，2050 年の推定分布域などが表示される．また「Barcode of Life」や「Genbank」をクリックすると，本種の分子生物学的データが得られる．

3.2.3 プランクトン

筆者の専門である海産動物プランクトンのサイトとしては，Census of Marine Zooplankton（略称 CMarZ, http://www.cmarz.org/）がある（図 3.15）．このサイトの眼目は美しい動物プランクトンの写真であろう．参画している研究者によって新たに発見された種も含めて，多くの動物プラ

図 3.14 図 3.13 の画面でツールバーの「データ検索」を選択すると現れる画面

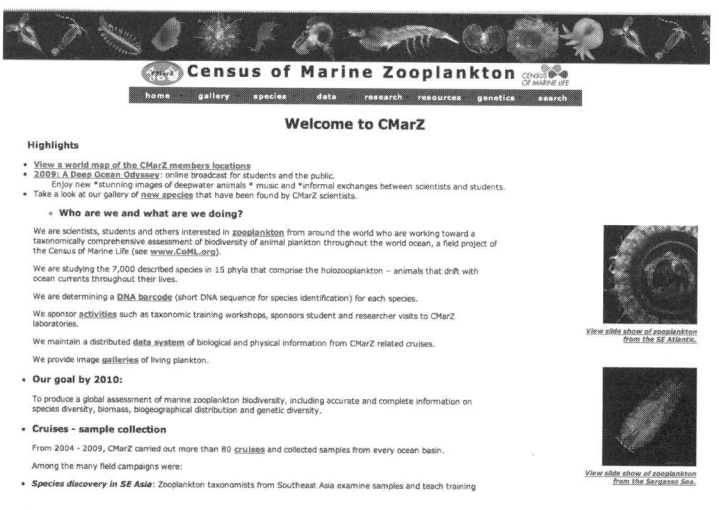

図 3.15 Census of Marine Zooplankton のフロントページの上部

ンクトンの写真がツールバーの「gallery」に掲載されている．またプランクトンが採集されたステーションの情報もダウンロードできるようになっている．ツールバーの「resources」をクリックすると現れる「taxonomic references」には，動物プランクトン各分類群の種同定に便利な文献やその情報がダウンロードできる（図3.16，中には日本では入手困難なものもあって重宝する）．また同じく「resources」の「taxonomic tools」には，ウェブ上で種の同定ができるサイトが紹介されている．ツールバーの「genetics」では，barcodingに関連した情報が得られる．

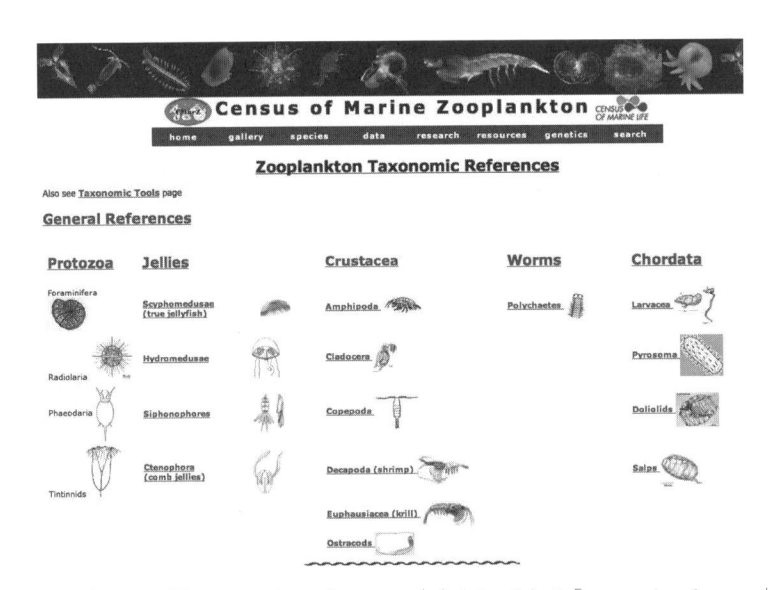

図 3.16　図3.15の画面でツールバーの「resources」をクリックして「taxonomic references」を選択すると現れる画面

図 3.17　藻類講座のフロントページの上部

3.2.4 海　　藻

海藻に関しては，日本沿岸の代表的な海藻の画像を見ることができる国立科学博物館HP 日本の海藻百選（http://research.kahaku.go.jp/botany/seaweeds/JS100Home.html）がある．緑藻，褐藻，紅藻のいずれかをクリックすると，それぞれの分類群の代表的な種のリストがあり，さらに種名をクリックすることで，それぞれの種の特徴や画像を得ることができる．また日本の藻類学の最新情報をジャンル別に配置している藻類講座（http://www.sourui-koza.com/，図3.17）というのがある．藻類の系統樹，最新の日本産海藻の目録，海藻に関するデータベース集など内容は豊富である．淡水藻類も含む世界の海藻の画像，分類学的情報，分布，関係論文を検索することができるサイトにAlgaeBase（http://www.algaebase.org/，図3.18）がある．たとえば「Enter species name」にワカメの学名 *Undaria pinnatifida* を入力すると，その分類学的特徴，画像，利用，分布，主要文献などの情報を得ることができるし，Genbankとのリンクもはられており，本種の分子生物学的情報も入手できる．

3.2.5 水産学的重要種

市場に出回っている魚貝類の図鑑としては「ぼうずコンニャクの市場魚貝類図鑑」がある（http://www.zukan-bouz.com/mokuji.html，図3.19）．魚類，軟体動物，甲殻類，その他水生生物のそれぞれについて索引があり，アイウエオ順に名前が載っている．さらにその名前をクリック

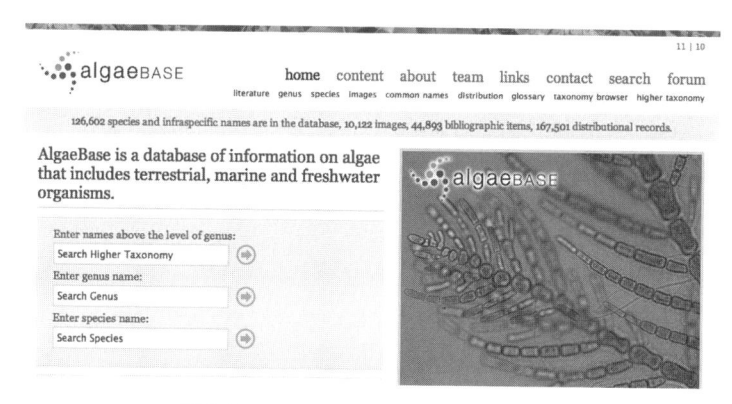

図3.18　AlgaeBaseのフロントページの上部

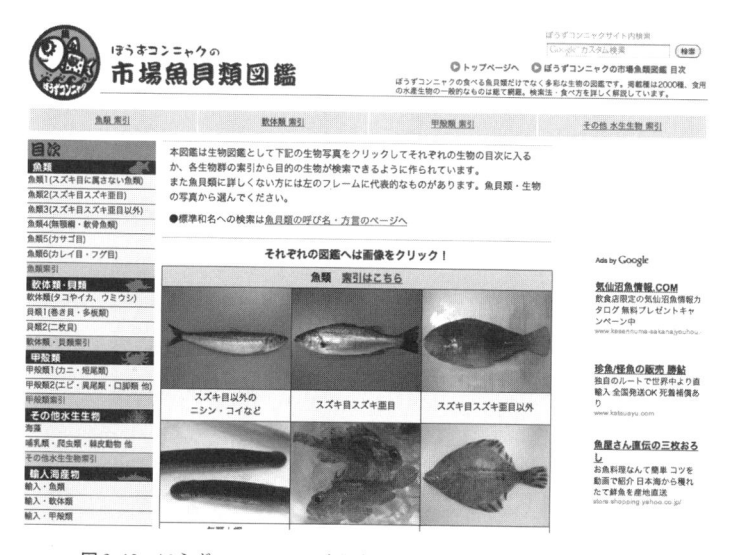

図3.19　ぼうずコンニャクの市場魚貝類図鑑のフロントページの上部

するとその種の画像や分類学的特徴，各地方の呼び名，食べ方などの情報が得られる．三陸海域の魚に限定しているが，同様のサイトに三陸魚図鑑がある（http://www7a.biglobe.ne.jp/~Fish-Fish/sanriku-sakana-a.html）．

水産学的に重要な種類の漁獲量を含めた詳細な情報源として，FAOのサイト（http://www.fao.org/）やカナダ，ブリティッシュコロンビア大学漁業研究センターが作成しているSea Around Us Projectのサイトがある（http://www.seaaroundus.org/）．まずFAOのホームページで，「Core activities」の「Fisheries and aquaculture」を選択する（図3.20）．さらにツールバーから「Statistics」をクリックすると，YearbookやSummary tables of fishery statisticsを参照できる．さらにFAOのFishFinderのページ（http://www.fao.org/fishery/species/search/en）で，生物名（または学名）を入力したり，また絵から生物を選択すると，その種の生物学的特性，分布，漁獲量などの情報が得られる．

Sea Around Us Projectのホームページでは，「DATA & VISUALIZATION」を選択して（図3.21），さらに海域（排他的経済水域，Large Marine Ecosystems，外洋域，全球）を選択する．

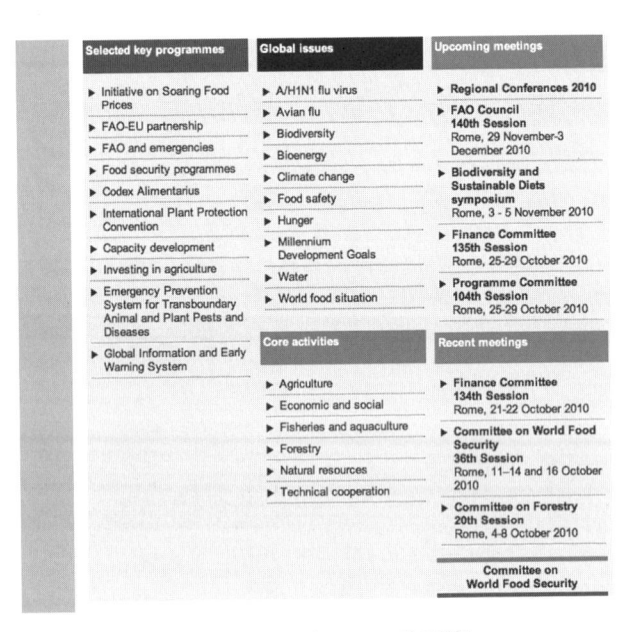

図3.20　FAOのホームページの下部

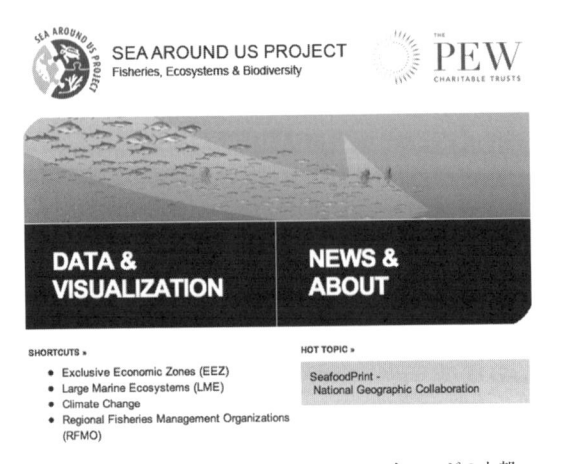

図3.21　Sea Around Us Projectのフロントページの上部

たとえばEEZ（排他的経済水域）の「Japan (Main Islands)」を選択すると図3.22の画面になる．ここで「CATCHES BY」の「SPECIES」を選択すると，1950年代からの日本の排他的経済水域における魚種別漁獲量の積み重ねグラフが表示される（図3.23）．さらにグラフ下部の魚種名をクリックすると，その魚種の最大体長，栄養段階，生息する緯度帯，生息水深，分布図とともに関連する情報のウェブサイトが表示される．図3.22の画面の「ECOSYSTEMS」の項目では，Marine trophic indexの経年変化が表示される．このindexは，漁獲物の平均的な栄養段階を示すもので，減少する傾向が認められると漁獲のために生物多様性が減少している恐れがあることを示している（Convention on Biological Diversity, 2004）．

3.2.6 遺伝情報

近年は海洋生物の分類学的位置，個体群の間の遺伝的つながり，進化学的情報，生理学的特性に関連した遺伝情報を知るために，遺伝情報を検索する必要性が高まってきた．このような情報が得られるサイトは多くあるが，たいへん多くの情報が得られ，しかも使いやすいものにJST（科学技術振興機構）が作成しているゲノム解析ツールリンク集（http://www-btls.jst.go.jp/Links/，図

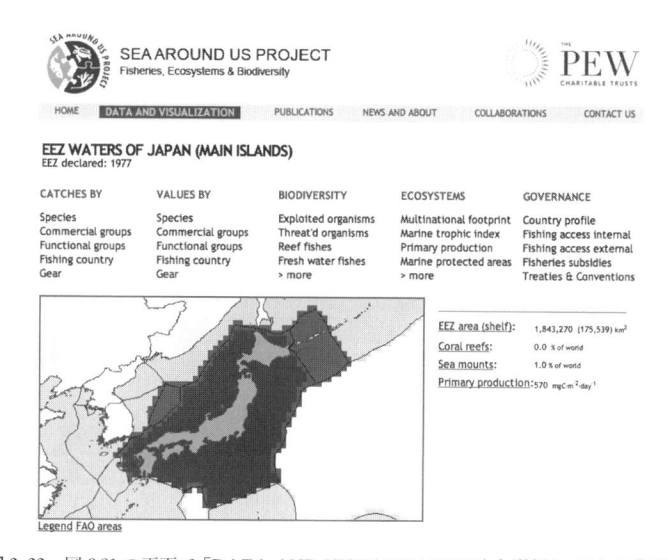

図3.22　図3.21の画面で「DATA AND VISUALIZATION」を選択し，さらに「EEZ」（排他的経済水域）の「Japan(Main Islands)」を選択すると現れる画面

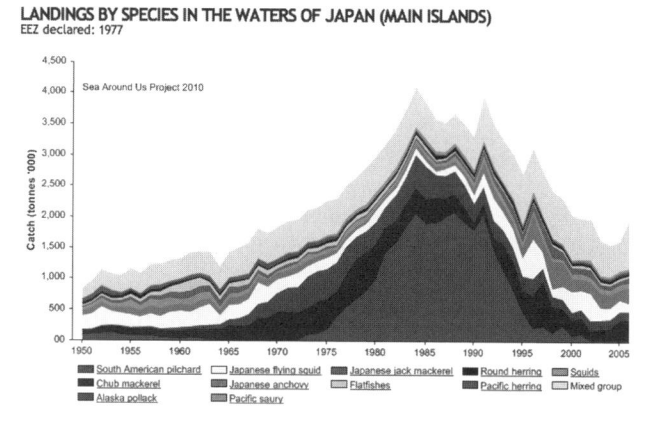

図3.23　図3.22の画面で「CATCHES BY」の「SPECIES」を選択すると現れる画面

3.24) がある．現在 611 件のツールが掲載されている．それに含まれているのは，マイクロアレイデータ解析（入手した発現プロファイルデータに類似するものが GEO や ArrayExpress といったデータベースにないか調べる方法を説明），遺伝統計解析（マルチプルアライメントに基づいて系統樹を作成する際の注意事項を説明），ホモロジー検索，進化解析，核酸配列解析（cDNA や EST を用いてゲノム配列上のエクソン・イントロン構造を予測するとか，長いゲノム配列の中から解析に必要な部分だけを切り出す），配列比較解析，配列モチーフ解析，配列決定・PCR 等実験の支援（実験対象となる生物種のゲノム配列で1ヶ所だけが増幅されるプライマーを設計する方法の説明や，長いゲノム配列の中から解析に必要な部分だけを切り出す方法の説明），タンパク質配列解析・プロテオミクス（タンパク質配列解析ツールに関する文献から，ツールの性能比較結果を抽出しまとめた），解析統合環境，文献情報抽出などである．

アメリカの The National Center for Biotechnology Information のページ（http://www.ncbi.nlm.nih.gov/）では，1000 以上の原核生物のゲノム情報，および DNA，RNA，タンパク質の3次元構造が得られ，塩基配列と3次元構造の関係や活性部位の関係などを探索することができる．また，450 を超えるジャーナルの 150 万件以上の論文の full text が入手できる．Ensembl というサ

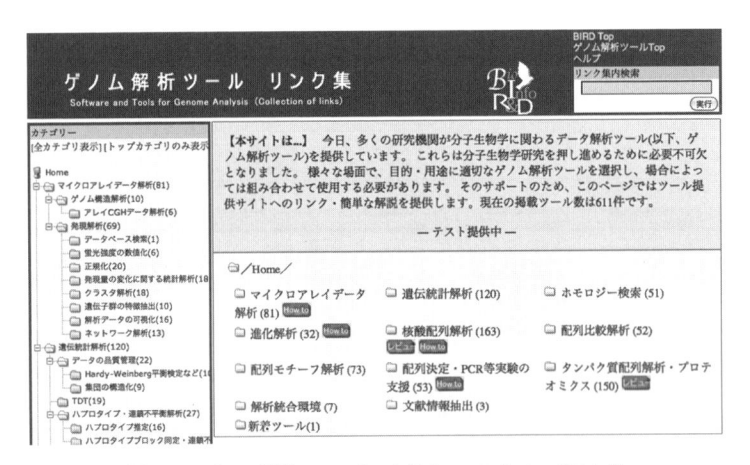

図 3.24 ゲノム解析ツールリンク集のフロントページの上部

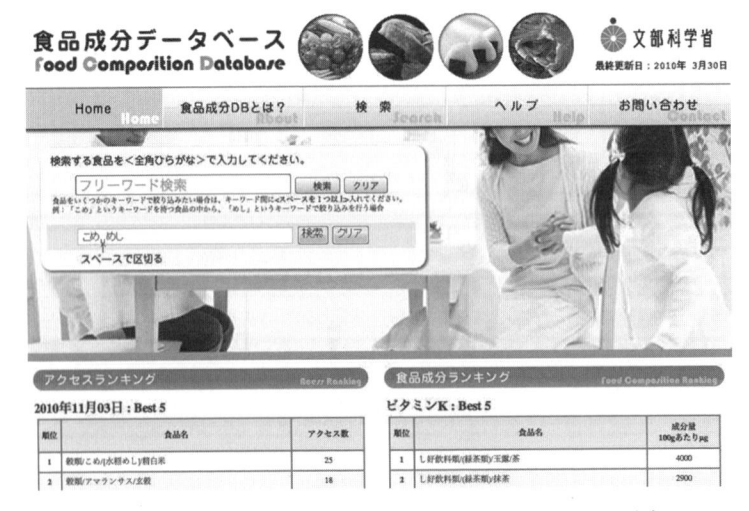

図 3.25 文部科学省の食品成分データベースのフロントページの上部

イト（http://www.ensembl.org/）ではヒトを含む40種類以上の脊椎動物，およびショウジョウバエや線虫などのゲノム情報が公開されている．魚類では，メダカ，ゼブラフィッシュ，トラフグ，ミドリフグ，トゲウオ，その他海産生物では，カタユウレイボヤとユウレイボヤ，ヤツメウナギのゲノムが含まれる．

3.2.7 魚貝類の成分

魚貝類に限らず食品の成分を知るためのサイトが文部科学省の食品成分データベースである（http://fooddb.jp/，図3.25）．たとえば「まぐろ」と入力して検索ボタンをクリックし，さらにマグロの種類や調理法などを指定して「結果を表示」ボタンをクリックすると，成分（タンパク質，脂質，炭水化物，水分，エネルギー含量など）が表示される．さらに，検索結果表示を脂肪酸に切

●コラム● **Publish（出版）or Perish（滅ぶ）かの選択とその弊害**

アメリカでは論文も出さずにただブラブラしている教授を，俗に dead wood（枯れ木）と表現するそうです．一流の大学ですと，講義よりもどうしても研究業績にウエイトが高くなり，有名な言葉「Publish or Pelish（発表するかまたは消滅するか？）」そのままの世界が展開しています．そこで，学術論文を常に書いて出し続けることが，アメリカでの研究者としての生き残り戦略のようです．確かに論文の数と質は，その研究者の外部的な競争資金（グラント）の獲得，学内での昇任昇格人事（助教→講師→准教授→教授），昇級人事，しいては大学のランクづけや研究教育へのモチベーションへと，いろいろな意味で重要な位置を占めていることは間違いありません．

また，アメリカは日本よりははるかに厳しい競争社会ですので，より多くの論文を出すことを競い合う関係で，論文数を増やしたいがため，どうしても研究者による論文捏造が起こってしまう傾向は否定できません．

1961年アメリカのエール大学で起きた有名な捏造事件として，「チトクロムｃが試験管内でミトコンドリアから生合成された」という話はご存知でしょうか？　この博士研究員の場合は，チトクロムｃ分子の合成をしていないのに，合成した証明としてペプチド断片のアミノ酸組成から説明した完全なるでっち上げのデータでした．彼は超一流大学のエール大学で博士号をとり，ロックフェラー研究所のフリッツ・リップマン博士（1953年ノーベル賞受賞）という大先生の所でポスドク研究を開始しました．やがて，この研究室の多くの人の研究がうまく行かなくなりました．彼が来てから急に研究が進まなくなったと感じた同僚は，監視カメラのない時代ですから，交代で夜に監視をしていたところ，彼は同僚の研究中の試験管に塩酸を入れていたのです．信じられないことですが，彼は同僚が良い成績をあげないように彼らの研究を妨害しており，論文捏造に加えて妨害という二重の悪質研究者であったわけです（A. T. Tu著：『アメリカでも一流校は狭き門』より）．ロックフェラー研究所からエール大学は通報を受けて調査をした結果，彼のすべての論文が捏造であることがわかりました．彼は学会より永久追放されましたが，彼の学位の訂正や剥奪は名門大学の不祥事としてきわめて不名誉になりますので，恐らく取り消されてはいないでしょう．このように，学術論文は一度学会誌に印刷掲載されますと，その後の号で「訂正広告（エラッタ）」として出すくらいしかできることはないので，本当に大変なことなのです．

論文の捏造は研究者として絶対にしてはならない行為です． 〔齋藤忠夫〕

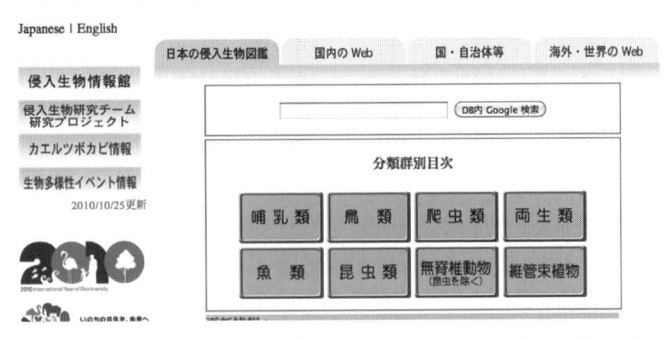

図3.26 国立環境研究所の侵入生物データベースのフロントページの上部

り替えると，脂肪酸の詳細な情報が表示される．やや専門的になるが，中央水産研究所のサイト（http://nrifs.fra.affrc.go.jp/kakou/eiyou/）では，マイワシ，カタクチイワシ，マサバ，マアジ，スケトウダラ，シロザケについての有効栄養成分分析データ（海域別・部位別の水分，タンパク質，エキス成分，脂質，灰分，無機成分（Ca, Fe, Zn, Cu, P），タウリン，レチノール，リボフラビン，α-トコフェロール，EPA，DHA）を知ることができる．

3.2.8 魚貝類の病気と外来種

水産国であるわが国では，魚の寄生虫も種類が豊富だそうで，水産食品の寄生虫検索データベースがある（http://fishparasite.fs.a.u-tokyo.ac.jp/index.html）．まず，「検索はこちらから」の「arrow head」をクリックして生物を選択する．さらに症状や寄生虫を選択すると，寄生虫の情報が得られる．Fisheries and Oceans Canada の Synopsis of Infectious Diseases and Parasites of Commercially Exploited Shellfish というウェブサイト（http://www.pac.dfo-mpo.gc.ca/science/species-especes/shellfish-coquillages/diseases-maladies/index-eng.htm）は，二枚貝，棘皮動物，甲殻類の疾病や病原菌についての詳しい記載がある．なお専門的になるが，国際的に大きな問題となる魚貝類の疾病について，診断法や対策などの規約が示されているサイトがある（Aquatic Animal Health Code 2010, http://www.oie.int/eng/normes/fcode/A_summry.htm）．

わが国は水産国であるとともに海運国でもあるので，侵入種についても多くの問題を抱えている．侵入種については，国内では独立行政法人国立環境研究所の侵入生物データベース（http://www.nies.go.jp/biodiversity/invasive/，図3.26）がある．このサイトには国内外の外来生物に関する研究機関とのリンクがはられており，外来生物法やその他の情報が得られる．また国際連合の専門機関のひとつである国際海事機関（International Maritime Organization：IMO）が Aquatic Invasive Species として10分類群を表にまとめている（なんとワカメもその仲間に入っている）（http://www.imo.org/OurWork/Environment/BallastWaterManagement/Pages/AquaticInvasiveSpecies（AIS）.aspx）． 〔遠藤宜成〕

引用文献

1) Pinet, P. R. 著・東京大学海洋研究所監訳 (2010)：海洋学，東海大学出版会，599pp.
2) Steel, J. H., Turekian, K. K. and Thorpe, S. A. eds. (2008)：Encyclopedia of Ocean Sciences (Second edition), Elsevier Ltd.

3.3 農業経済学分野の文献調査法

3.3.1 農業経済学分野の文献の特徴

まず,そもそも農業経済学分野の学術文献が,どういった特徴を有しているかについて述べていくことにしたい.戦後以降において,日本農業の成長を促してきた要因は,品種改良,土地基盤整備,化学肥料・農薬,作業機械化などの近代的な科学技術であることは間違いない[3].しかし,農業経済学分野は,こうした技術的な側面だけではなく,新たな技術を採用する農家や農産物を消費する消費者,さらに人のつながりを基盤に形成される農村・地域社会を含めた人間の視点を基礎として,社会的な経済現象の因果関係を解明することを目的としている点において,農学の自然科学分野と大きく異なっている.つまり,主体の構造やあり方を明らかにするという基本問題を取り上げている点において,農学の社会科学として,農業経済学分野は学術的な意義を有している.

以上のことを踏まえて,農業経済学分野の文献の種類を「書籍」と「論文」,辞典,ハンドブック,統計書,商業雑誌,新聞,史料,公文書,書簡等の「その他」に分けて説明する.まず,書籍は,共通テーマのもとでさまざまな執筆者の観点から論じられているものと,1つの専門的なテーマに限定して,執筆者の経験的な知識と特定のデータを用いて論じられているものがある.その特徴として,共通テーマによる書籍は俯瞰的な全体像を示しているがやや一貫性に欠けるものであるのに対して,専門的なテーマによる書籍は,課題を限定しているという点において全体像を把握する面に欠けるが,テーマに即した一貫性のある内容となっている.初学者にとっては共通テーマの書籍が参考になり,大学院生以上の学生や研究者にとっては専門的なテーマの書籍が参考になる.ただし,研究関心のある共通テーマについてさまざまな観点から論じられている場合はこの限りではない.それは,農業経済学分野が農業生産や農村生活を土台にして,その歴史的変遷とその時々に施行された制度・政策に起因した経済現象を対象にしており,その時々の価値観がさまざまであることに起因しているからである[6].

他方で,論文は,書籍と違い専門性の高い文献である.専門用語が多く使われており,また,分析に用いる方法論も数学や統計学を用いているため,初学者にとっては敷居の高い印象を与える.さらに,こうした論文は,著者の着眼点やその拠り所となる理論が違う場合,同じ経済現象を説明するにしても用語の使い方が変わる.書籍に比べて論文は,紙幅の限られた中で展開しなければならない.そのため,基本的な説明を事細かく記述するといった煩わしさなく展開するうえで専門用語を使用するのである.

最後に,上記に述べた書籍や論文でもない辞典,ハンドブック,統計書,商業雑誌,新聞,史料,公文書,書簡等のその他の文献は,広く一般に公表することを目的としている.その特徴は,その時々に起こったことをタイムリーに記述していることである.このことに付け加えるならば,屋外に出て農家・市町村・各種企業・図書館等へ赴き実施するインタビューやアンケート調査結果,有価証券報告書,財務諸表等から得た各種データ群も,文献とはいえないが貴重な資料となる.

以上のことから,農学の自然科学分野と比べて農業経済学分野の文献は,技術的な側面というよりも人間が引き起こす農業生産や農業生活を土台とする経済現象を対象に,その地域の歴史,あるいは傾向について収録していることがわかる.また,自然科学のような実験器具や装置は,分析手法,理論,史料,ICレコーダー・カメラに代わり,実験に用いる素材は上記の文献や各種データ群である.これらが,農業経済学分野の文献の特徴である.

次節より,文献調査法の最初の段階である文献の見つけ方について,以上で整理した文献の種類(書籍・論文・その他)に従って述べる.

3.3.2 文献の見つけ方
a. 書　籍

農業経済学分野の書籍の見つけ方としては，まず，どのようなテーマについての書籍があるかを知ることである．それを知ったうえで，書籍がどういった意図をもって執筆されているか，その書籍の農業経済学分野における位置づけを把握し，そして，その書籍が参考とする書籍を芋づる式に見つける．こうした一連の中で自分の関心のあるテーマについて，どういった書籍があるかがわかるようになる．このことに着眼してみると，たとえば明文書房から発刊されている，『現代農業経済学全集』（全23巻：1983-2003）のタイトルを示せば，どのようなテーマについての書籍があるかおおよそわかるだろう（表3.7参照）．さらに，農業経済学分野の研究動向を整理した次の書籍も参考になる．

①長憲次編『農業経営研究の課題と方向』（日本経済評論社，1993年刊）：日本農業経営学会発足10周年を記念して，国内の農業経営研究の展開と今後の方向について，全18章の構成で総勢62名により収録された書籍である．

②中安定子・荏開津典生編『農業経済研究の動向と展望』（富民協会，1996年刊）：日本農業経済学会発足70周年を記念して，主として国内の農業経済研究の成果を解説し，将来の研究方向について，全25章の構成で総勢26名により収録された書籍である．注目すべきは，巻末にまとめて各章の引用文献が掲載されていることである．

③地域農林経済学会編『地域農林経済研究の課題と方法』（富民協会，1999年刊）：地域農林経済学会の名称変更後10年までの地域・農業・林業に関する研究成果をもとに方法や今後の方向について，全9章の構成で総勢26名により収録された書籍である．

④生源寺眞一編『改革時代の農業政策-最近の政策研究レビュー』（農林統計出版，2009年刊）：1992年ごろ以降の食料政策，農業政策，農村政策にかかわる調査・研究成果や研究動向について，全19章の構成で総勢26名により収録された書籍である．ほかの書籍に比べると，発刊年次が新しいため農業経済学分野の最新の文献動向がうかがえる．

また，『農林水産文献解題』シリーズ（創刊昭和30年）は，時代背景にあわせた農林水産業と農林水産行政にとって重要なテーマを取り上げ，それに関して農林水産省図書館が所蔵する文献の解説・紹介を行っている．その内容は，全3部構成となっており，第1部にはその時々の課題に関連する文献のレビューが，第2部には関連する最新文献の書評が，第3部には図書・資料の部，雑誌記事の部，洋書の部，関連ホームページアドレスと基本画面が収録されている．同様に，農林水産政策研究所より発刊されている『農業総合研究叢書』（①研究叢書全124号：1947-2001，②『文献叢書』全10号：1950-1991，③『翻訳叢書』全13号：1950-1959），『農林水産政策研究叢書』（全10号：2002-2010）は，農林水産政策上の重要課題や政策展開の方向に関する調査および研究成果が収録されている．

b. 論文（学術雑誌）

農業経済学分野に関連する学問分野は多岐にわたっており，経済学や経営学を基礎として，哲学，倫理学，社会学，心理学，工学，統計学，会計学，行動科学，文化人類学，民俗学，教育学等にかかわる基礎から応用研究を含む人文社会科学の領域まで拡がりを見せている．また，こうした情勢を踏まえつつ，農業経済学分野も含まれる農学系学協会を統括する諸組織については，日比忠明氏が『現在の日本の農学関係の諸組織を生物の分類階級に例えれば，日本農学会，財団法人農学会，日

表3.7　明文書館『現代農業経済学全集』全23巻のタイトル

農業経済学	農業政策論	農産物市場論
農産物価格論	農業金融論	農業財政学
農業協同組合論	比較農業論	食料経済論
農学概論	農村社会論	農史
農業法律学	農業経営学	農業会計学
農業経営診断論	農業生産組織論	農村調査論
農村計画論	地域資源管理学	環境と資源の経済学
農業統計学	農業情報処理論	

表 3.8 農業経済学分野に関連する学会発行の学術論文誌

学会名	雑誌名	発行回数/年	創立年
日本農業経済学会	農業経済研究	4	1924
	日本農業経済学会論文集	1	
日本農業経営学会	農業経営研究	4	1948
食農資源経済学会	農業経済論集	2	1949[a]
地域農林経済学会	農林業問題研究	4	1951[b]
東北農業経済学会	東北農業経済研究	2	1965
中部農業経済学会	農業・食料経済研究	2	1973
北海道農業経済学会	フロンティア農業経済研究	2	1970
日本国際地域開発学会	開発学研究	3	1954[c]
農業問題研究学会	農業問題研究	3	1956
日本農業市場学会	農業市場研究	2	1974[d]
日本協同組合学会	協同組合研究	4	1981
農村計画学会	農村計画学会誌	4	1982
システム農学会	システム農学	2	1984
農業情報学会（JSAI）	農業情報研究	4	1989
日本フードシステム学会	フードシステム研究	3	1993
日本村落研究学会	村落社会研究	2	1993
	【年報】村落社会研究	1	
日本農業普及学会	農業普及研究	2	1994
実践総合農学会	食農と環境	1	2004
農林水産政策研究所	農業総合研究	1[e]	1947
	農林水産政策研究	不定[f]	2001

a) 創立当時：九州農業経済学会．
b) 創立当時：関西農業経済学会．
c) 創立当時：拓殖学会．
d) 創立当時：農産物市場研究会．
e) 2000 年（54 巻）で廃刊．
f) 不定期刊．2001 年から 2010 年現在までに 18 号刊行．

本農学アカデミー，日本学術会議の農学委員会・食糧科学委員会などの全体組織が所掌する範囲を農学「界」のレベル，一方各学協会を「科」のレベル』と整理している[1]．上記の日本農学会は，農学系学協会の連合体である．そこに加盟している社会科学系の学会が発行する論文を示すことは，すなわち「どのようなものがあるか」を知ることである．表 3.8 で，これらを筆者が会員になっている学会とあわせて，学会名称，雑誌名，発行回数/年，創立年の順に紹介する．さらに学会によって発行される学会誌のほかに，大学などの教育機関や各種の研究所が定期的に発行する論文（紀要）もあるが，その中でも農林水産政策に対応した分野を専門的に取り扱っている論文も紹介する．

これまで示した論文の媒体は自然科学の電子媒体と比べると紙媒体が圧倒的に多い．さらに，学術をめぐる最近の動向として，多くの自然科学分野の研究領域で論文の学術的な水準の指標となる「インパクト・ファクター（IF）」が共有されている．しかし，人文社会科学の諸領域では必ずしもそうした状況にはなく，農業経済学分野も例外ではない[5]．

c. その他

ここでは，書籍や論文でもない辞典，ハンドブック，統計書，商業雑誌，新聞，史料，公文書，書簡等のその他の文献について述べる．

この中で最も利用頻度が高い文献は，統計書である．基本となる指定統計は，①指定統計第 1 号国勢調査，②指定統計第 2 号事業所統計調査，③指定統計第 26 号農林業センサス，④指定統計第 10 号工業統計調査，⑤指定統計第 23 号商業統計調査である．これらの統計は，5 年もしくは 3 年の一定期間ごとに統計値が集められる．2010 年は，国勢調査の年で，人口調査が行われた．これらの統計を概括的にみるには，毎年出されている『日本統計年鑑』（総務省統計局編）が便利である．また，農業経済学分野に関連する基本的な統計書としては，①『農林水産省統計表』，②『生産農業所得統計』，③『農業物価統計』，④『農業経営統計調査報告』，⑤『生鮮食料品価格・販売動向調査報告』，⑥『生産林業所得統計報告書』，⑦『木材需給報告書』，⑧『耕地及び作付面積統計』，⑨『農林水産統計月報』，⑩『ポケット畜産統計』，⑪『ポケット園芸統計』，⑫『ポケット食品統計』，⑬『野菜生産出荷統計』，⑭『青果物産地別卸売統計』などがある．

上記の統計データを加工した①『農林水産統計年報』，②『農業所得統計（市町村別推計）』，③

『農作物統計』，④『農林業センサス農山村地域調査報告書』，などの8地方区分別の農政局が発刊する統計書もある．統計データを収録した各種統計書は，国立国会図書館をはじめとして，国公私立大学図書館，都道府県資料館，省庁書館等にも備えられている．統計書ではないが，年度ごとに農林水産省から発刊されている『食料・農業・農村白書』も重要である．これには，食料・農業・農村基本法に基づき，年度ごとの食料・農業・農村施策について収録がされている．

これら以外に社会科学全般の辞典としては，『広辞苑』（岩波書店），『経済学事典』（岩波書店），『経営学大事典』（中央経済社），『会計全書』（中央経済社），『新社会学辞典』（有斐閣），『心理学辞典』（有斐閣），があげられる．農業経済学分野の辞典としては，少し古いが用語の定義や解説，算出法について詳細に収録している農政調査委員会編『農業統計用語事典』（農文協，1976）と，16領域別の学術用語が収録されている日本農業経営学会編『農業経営学術用語辞典』（農村統計協会，2007）がある．さらに，商業雑誌としては，論文や論説を主とした『農業と経済』（昭和堂/月刊誌），『農業および園芸』（養賢堂/月刊誌）と，農家へのインタビュー記事やコラム，特集記事を主とした『現代農業』（農文協/月刊誌），『農業経営者』（農業技術通信社/月刊誌）があげられる．また，『会社年報』（日本経済新聞社），『会社四季報』（東洋経済新聞社）も忘れてはならない．

ここまで農業経済学分野の文献について，「どのようなものがあるか」を明らかにしてきた．簡単にまとめると，農業経済学分野を共通テーマにしたシリーズの書籍や，分野の研究動向を整理した書籍，文献のレビューが収録されている書籍を紹介した．また，日本農学会に加盟している農学における社会科学系の学会が発行する論文や，大学などの教育機関や各種の研究所が定期的に発行する論文，さらには商業雑誌を紹介した．

このことを踏まえれば，関心のあるテーマについてどういった文献があるかがわかったと思う．この最初のステップを乗り越え，次に問題となるのは，文献が「どこにあるのか」，そして文献をどのように集めるかといったことである．

次節より，文献調査法の第二ステップである文献の集め方について述べていくことにしよう．

3.3.3 文献の集め方[2]
a．書　籍

ここからは，農業経済学分野の文献の集め方について述べる．必要なことは，効率的，かつ，必要なものだけを合理的に集めることである．そのためには，まず，「どこにあるか」を知らなければ集めることはできない．それだけならば，日本国内で出版されたすべての出版物を収集・保存している国立国会図書館でかまわない．あるいは，全国の都道府県立図書館，政令市立中央図書館も考慮すべきであろう．または，全国の国公私立大学図書館でもかまわない．

しかし，ここで重要なことは，どこにあるかがわかった文献をどのように集めるかである．その1つの答えが，インターネットにアクセスして利用する文献検索システムである．それは，インターネットにアクセスできれば時間も場所も選ばない便利なツールである．このツールもさまざまなものがあるが，その中でもまず，国立国会図書館の蔵書を検索できる「NDL-OPAC」があげられる．または，全国の都道府県県立図書館，政令市立中央図書館，国立国会図書館の蔵書を検索できる「総合目録ネットワークシステム」，全国の国公私立大学図書館の蔵書を検索できる「NACSIS Webcat」もあげられる．さらに，農業経済学分野に関連したものとしては，全国70ヶ所の農林水産関係試験研究機関の蔵書を検索できる「農林水産関係試験研究機関総合目録（Web-OPAC）」がある．

以上に示した方法は，各種図書館の蔵書を検索するツールである．それらが検索できる範囲は，図書館に所蔵されている書籍である．それでは，図書館に所蔵されていない書籍，特に出版されたばかりで図書館の文献データベースに収録されていない場合には，政府刊行物/官報/官報公告の書

籍を検索できる「政府刊行書籍検索」である．ここでは，一部の非売品政府発刊物も検索できる．もう1つは，国内で発刊されたもので現在入手可能な書籍も検索する「Book.or.jp」である．これ以外にも，各種図書館と書店を同時に検索できる「Webcat Plus」がある．

b. 論文（学術雑誌）

農業経済学分野の論文を検索する場合，最初に検索するシステムは，国立情報学研究所が提供する学術コンテンツ・ポータル「GeNii」（ジイニィ）であろう．これは，論文情報，図書・雑誌情報，研究課題・成果情報，専門学術情報，機関発信情報といった5つのデータベースを統合した検索システムである．

この中でも利用頻度が高いのは，論文情報ナビゲーター「CiNii」（サイニィ）である．ここでは，国内の学協会が発行する学会誌掲載論文，大学などの教育機関や各種の研究所が定期的に発行する論文（紀要）が収録されている．この最大の特徴は，論文が検索できるだけでなく，論文などの本文をインターネット上で閲覧できることである．加えて，検索した論文の参考文献，被引用文献リストも表示されるため，関連した論文を集めやすい．さらに，図書請求の際に必要となる各種コードも表示される．このコードを必要に応じて書き留めておくことで，手元に論文を集めることができる．

また，文部科学省および日本学術振興会が毎年度交付する科学研究費補助金により行われた研究採択時の採択課題名とその研究成果の概要を収録した，科学研究補助金データベース「KAKEN」も学術コンテンツ・ポータル「GeNii」に含まれている．ほかにも，博士論文書誌データベースや民間助成研究成果概要データベース，民間助成決定課題データベース等が収録されている「NII-DBR」や，大学等の研究機関に所蔵されている論文等の文献を電子媒体（PDF等）で公表している「JAIRO」（ジャイロ）もある．

ところで，農林水産研究に関するさまざまなデータベースに限定して集める場合は，上記の方法よりもすぐれた文献検索システムがある．それは，農林水産省農林水産技術会議事務局筑波事務所によって提供されている「AGROPEDIA」（アグロペディア）である．農業経済学分野はもとより農学・生命科学分野でも大いに活用できる．これは，農林水産研究に関するさまざまなデータベースを一同に集め，これらをインターネット上で提供するシステムの総称である．ここで利用できる「Database Quick Search」は，170種以上のデータベースを統合した検索システムである．この中には農林水産関係試験研究機関総合目録や国立国会図書館の所蔵の検索，大学図書館・国立国会図書館の所蔵の確認，大学図書館の検索も含まれている．さらにこれらのデータベースを同時に検索する場合は，最大で10個まで選択して行うことができる．

AGROPEDIAに収録されている中でも，農業経済学分野の論文を検索して閲覧も同時に行いたいときは「AGROLib」（農林水産文献ライブラリ）が有効に使える．これを使った文献検索を基本画面の枠内の項目に限定して紹介する（次頁図3.27）．「誌名から探して論文の全文をみたい」の項目には，①試験研究機関研究報告，②公立試験研究機関研究報告等，③大学研究報告等，④学・協会誌等が収録されている．①を選択すると，(i)試験研究機関研究報告誌名一覧，(ii)農林水産試験研究関係資料，に分かれる．論文の場合は，(i)を選択すると，収録されている誌名が電子書架一覧として表示される．その中の必要な誌名を選択すると検索結果一覧が表示される．②を選択すると，公立試験研究機関収録誌の画面になり，日本地図の県名から選択することで誌名が表示される．③を選択すると，上段にあ行〜わ行までを選択できるインデックスが表示される．この中から大学名，あるいは，誌名を選択することで大学・研究所発行の論文（紀要）一覧が表示される．また，論文を検索する以外にも，農家や農業に関する史料，農林水産省系研究所が開発した農業技術や研究成果に関する資料，農林水産政策の特定テーマに関する解題・解説資料，農林認定品種データベース

図 3.27

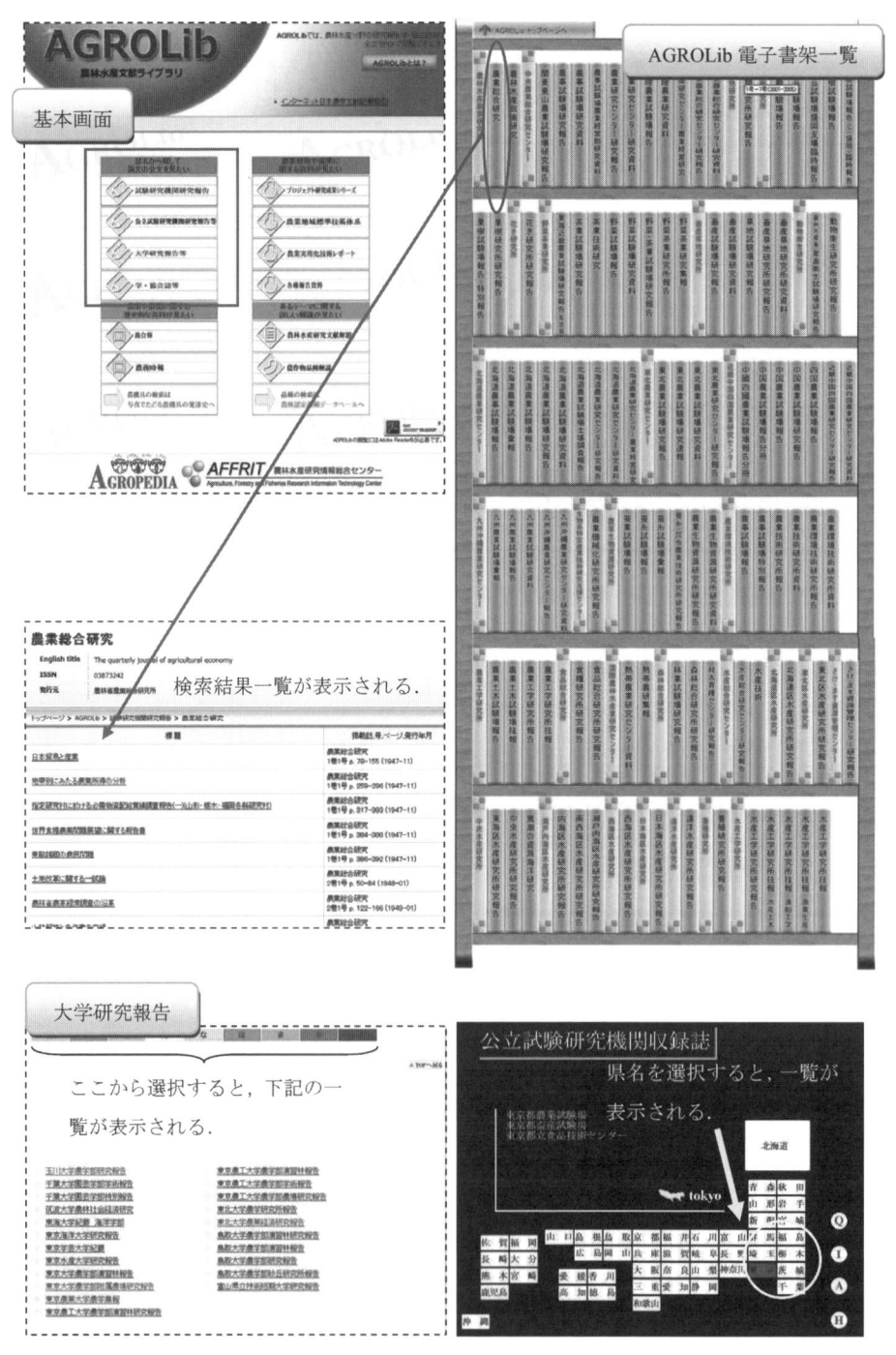

が利用できる．

次には，これらに関連する統計書，史料，報告書，新聞，白書について述べていきたい．

c． その他

まずは，最も重要な統計データを集める方法について述べていくことにする．最近では，必要に応じて Microsoft 社の Excell 形式で統計データをダウンロードできるようになりつつある．その中で，最も多くの統計データを扱っているデータベースは，独立行政法人 統計センターが運用管

理を行っている政府統計の総合窓口「e-Stat」である．ここでは，前述した指定統計のほかに農林水産に関連する統計データもExcell形式で入手することができる．参考資料もPDF形式で提供されておりダウンロードが可能である．また，各省庁で公表されている白書に関しては，電子政府の総合窓口「e-Gov」（イーガブ）があり，HTML形式とPDF形式で全文がダウンロード可能である．ほかにも，政府発表のプレスリリースなどが検索できる．さらに，農林水産省では，農林業にかかわるすべての統計書を手に入れることができる．特に，『農林業センサス』は，生産構造，就業構造の解明や農山村の実態を総合的に把握し，農林行政の企画・立案・推進のための基礎資料を作成し，提供することを目的に5年ごとに行われている大規模な統計データである．この統計データも，Excell形式でダウンロードが可能である．

また，国際機関が提供する世界のさまざまな統計データを集める際には，次のデータベースが有効に使える．FAO（国際連合食糧農業機関）では，世界の食料・農林水産業に関連の統計データベース「FAOSTAT」を提供している．このデータベースは，テーマ別に3階層のデータベース構成になっており，第一階層から順に必要なインデックスを選択することで統計データが閲覧・ダウンロードできる．この詳細な使用方法に関しては，FAOSTATの基本画面より，最上段のメニューバーから「Support/FAQ」を選択し，リンク先の画面の下段にある「How to use the multi-selection query box」の動画で紹介されている．ほかにも，OECD（経済協力開発機構）では，OECDが発表するすべての統計データベース「OECD. Stat」を提供している．ここでは，経済指標・社会指標を主として，開発援助，雇用，教育，環境，保健医療，エネルギー，科学技術産業，移民，貧困・格差に関する統計を扱っている．ここに紹介した統計データベースも含め国内外で公表されているものは，総務省統計局・政策統括官（統計基準担当）・統計研修所のホームページからPDF形式で提供されている文書「日本の統計」「世界の統計」の中で簡潔に紹介されている．

以上に紹介した統計データベース以外のものとしては，国立公文書図書館の国の公文書を検索し閲覧する「デジタルアーカイブ」や，日本とアジア近隣諸国などとの関連史料を扱うアジア歴史資料センターの「資料の閲覧—アジア歴史資料センター—」が活用できる[9]．他方で，有料版であるが農文協（農村漁村文化協会）は「ルーラル電子図書館」を開設し，会員に対して『現代農業』等の雑誌記事を全文公開（PDF）し，また，取材で使用した映像データも提供している．同様に有料であるが，株式会社 帝国データバンクは，全国92万社の会社情報を提供している．その会社情報の内容は，企業概要，業績2期，資本金，売上高，当期利益，自己資本等である．

ここまでの章では，まず「どのようなものがあるか」といった探索から始まり，そして，関心のあるテーマについてどういった文献があるかを知り，次にその文献が「どこにあるのか」，そしてその文献を「どのように手元に集めるか」ということを問題にして，文献調査法の第二ステップまでを述べてきた．既述の通り論文を作成するにあたっては，関連する論文や文献の検索・収集が必要不可欠である[10]．したがって，情報検索の方法について述べるということであれば，この目的は達成されている．しかし，ここで主張したいことは，文献を「使う」といったことまで含めた文献調査法が情報リテラシーの基礎として，学生（大学院生を含む）や若手の研究者が身に着けておかなければならない重要な能力ということである．

そのため，文献調査法の最後のステップとして，関心のあるテーマに基づき集めた文献を「どのように利活用するか」については，次に述べることにしよう．

3.3.4 文献の使い方
a. 整理方法

ここでは，集めた文献の要点を的確にまとめることや，あるいは関連する文献群を分類したうえ

で文献を時間軸上に整序しつつも関連する文献の因果律を明らかにすること，また，自分で着想した新たな評価軸へ文献を改めて位置づけるといったこと，要するに文献整理について述べる．

さて，必要な文献を検索し収集がひと通り終えた段階に至れば，関心のあるテーマに基づいて，いよいよ文献整理に取りかかる．文献とは，書き手自身の知識・研究能力等を総結集して，あるテーマについて研究し，その結果を叙述し独自の解釈を加えた，いわば「自己表現」である．農業経済学分野の論文は，大きく分けて理論的研究，実験的研究およびフィールド研究に分けられる．これら研究の方法の違いにより，論文の組み立て方は多少異なるが，そのための文献調査法は大きく変わらない．取りあげようとする研究課題に関連して，今までどのような研究がされてきたかを文献検索等によって調べ取りまとめる．参考文献を読んだら数行でもよいので，その内容の要点を，①研究課題，②採用している方法，③到達点，④結論，に分けて要約を書き留める．このときに書き留める媒体は，ノートやルーズリーフではなく後で分類する際に入れ替えがしやすいようポストイットなどのカードへ書き込んでもよいだろう．また，必要に応じて，大切なところは文章を書き写すことも大切である．書き写すという行為には，執筆者の1つの思考プロセスを追体験することでもあるので，重要である箇所は書き写すことを勧めたい．さらに参考となる図や表などもコピーし，要約を書き留めたポストイットなどのカードを含めてノートなどに貼り付けることが重要である．これらの際には，文献のテーマ，著者，書き写した箇所の頁などの所在も付け加える．これによって後の作業が効率的に進むのである．

こうして，文献整理用のノートの頁数が増えてゆく過程で，関連した文献とそうではない文献に分けられるようになる．それは漠然としていたテーマが自分の中で少しずつ明瞭になってくるからである．そして，どのような文献であるか要約を作成する時点で考えながら文献整理を行うようになる．このとき，どのような文献であるかを判断する1つの方法としては，①何を問題としているか，②それに基づいて課題が設定されているか，③適切な方法を採用しているか，④課題に沿った結果が示されているか，⑤何を発見したか，の5つのポイントに着目することである．これを意識することで，自身の研究目的や枠組みが自然と明瞭になってきて，研究の課題，研究の方針が自分なりに構想できるようになる．そして，自分で着想した新たな基軸上へ文献を改めて位置づけるといった以上の整理を通して，発見・収集した文献を活用しながら自分の研究を位置づけていくのである．

それでは，文献調査法のしめくくりとなる集めた文献を「参考文献とするか引用文献とするか」について触れていきたい．このことは，研究者や，研究者を目指す学生にとって細心の注意を払わなければならない重要な点である．なぜならば，著作権という権利を遵守するという人道的な姿勢が研究者に求められているとともに，学術を進展させる鍵となっているからである．このことについては，冒頭でもふれたように，不当な複写や無断抜粋・転載による著作権の侵害が，著作物を狭く限られた利用のみに抑制させ，国民が公正な機会均等を得られず知的好奇心を喪失していくことにつながりかねない．この意味において，学術を大きく後退させ，ゆくゆくは科学に裏づけられた社会の発展を阻害してしまうのである．

このことを踏まえて次節では，文献の引用・参考の仕方や注の付け方について述べていくことにする．

b. 文献の引用・参考の仕方

せっかく整理した文献だが，あまりに引用の多い論文はかえって道筋を混乱させてしまう．逆に，まったく引用のない論文は疑わしいものである．それだけに引用・参考の仕方は難しい．

まず，引用をしなくてもよい場合には，引用をしない方がよいであろう．しかし，引用しなければならない場合もある．その際には，執筆者の意図を第一優先に自分の論文へ反映させるべきで，決して自分の論文の道筋に沿うような解釈をして

はならない．当然ながら，他の執筆者がレビューした文章をそのまま引用してもいけない．より重要な問題は，不当な複写でその著作権を侵害していることである．引用する場合は必ず引用する文献にあたり，自分の文章で要約を行うことが必要である．例をあげると，「農業経済学分野については，安江〔文献番号〕が〜の重要性を指摘している」というような引用方法が考えられよう．また，引用文献は，必ず原著の出所を明記しなくてはならない．これについては，学会や大学・研究機関によってさまざまな様式が存在するため，一概にはいえないが，日本農業経済学会発行の『農業経済研究』投稿規程によると，次の通りである．

- 論文：〔文献番号〕著者名「論文名」『雑誌名』巻号（年月）掲載頁
- 単著書：〔文献番号〕著者名「論文名」『書名』出版社 出版年
- 分担著書：〔文献番号〕著者名「論文名」（編著者名『書名』出版社名 出版年 掲載頁）

注の付け方に関しては，あいまいなところであり確定したことがいえない．だが，1つだけ参考となるのは，引用する必要がないが補足的な説明を加えることで読者の論文への理解を助長すると判断した場合に付与するということである[7]．この判断力を養うためには，さまざまな文献に触れることが必要であろう．また，その挿入箇所をめぐっては，文末に一括してつける場合もあれば，章ごとにつける場合もある．たとえば学位請求論文の場合は，章ごとにつけるのが一般的である．

最後に，「引用文献とするか参考文献とするか」についてであるが，これまでの整理によれば，もう一度文献を位置づける際に自分の論文で主張したいことの裏付けとなるか否かであり，または，関連した文献においても引用されているかといったことが判断基準となりえよう．やはり，この判断をする段階に至っては，その予備段階で明確に自分の論文の位置づけをすることが決め手となるのである．

c. KJ 法を利用した文献整理

最後に，補足として著者が文献整理をする際に用いる方法を紹介したい．これには，川喜多二郎が自身のフィールドワークの経験に基づくノート整理・分類・保存の手法を発想を促す方法として体系的にまとめた「KJ 法」が有用である[4]．

ここからは，筆者の経験に基づいて，KJ 法を利用した文献整理の方法について，端的に要点をまとめて述べる．KJ 法を利用する準備段階では，①どの問題に対して，②どのような課題を設定したか，③そのための方法論は何か，④その仮説は何か，といったことを考慮した自分の研究骨子を作る．次に KJ 法を実施するにあたり，文献の要約を 7.5 cm×7.5 cm 程度のポストイット（以下，カード）に書き出す．ここではできるだけ 1 行ないし 2 行程度にまとめる．その際に注意することは，要約の内容を抽象化しすぎないことである．そして，カード群を広げて俯瞰する．直観的に関係するカードを集めてグループ化する．グループ化したカード群をもう一度見直し，修正が必要な場合は再度グループ化する（次頁図 3.28）．

次にそのグループ化されたカード群に付箋用のポストイット（7.5 cm×1.5 cm）を利用し 1 行の見出しをつける．この見出しについては，的確な内容をつけることが難しい．ここで的確な内容をつけられるかは，どれだけ自分が問題意識を強くもっているかに比例する．小規模にグループ化したカード群を関連するものどうし結合させ，大規模にグループ化する．グループ化のたびに先ほどと同じように見出しをつける．グループ化する時は小さい規模から大きい規模へ必ず移行し，階層を分けて縦に並べる．そして，最後の大きいグループの見出しをつける．これが自分の関心あるテーマの研究課題となる（次頁図 3.29）．

次に，大きなグループの見出しから空間に因果関係や相互関係などの関連を考慮して論理的な配置を行う．見出し同士の関連が見つからない場合は，グループ化が間違っている可能性が高い．この問題を回避するためには，グループ化する際に個のカードが示す意味に忠実に従うことが必要である．そして，見出しを空間に配置した後は，清書用の用紙にそれを鉛筆等（修正するため）で図

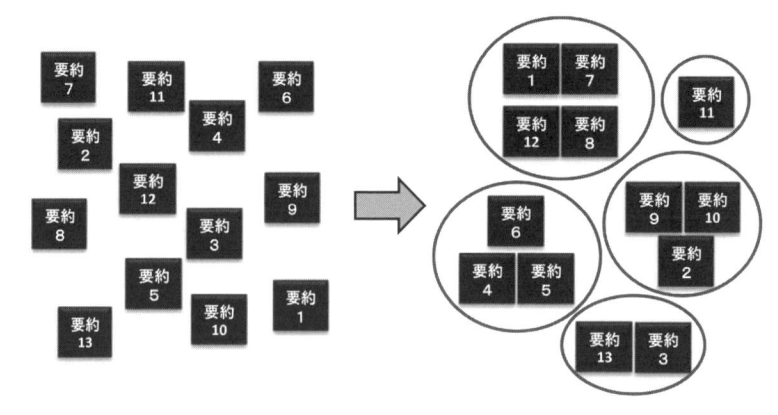

図 3.28　要約を書いたカードのグループ化

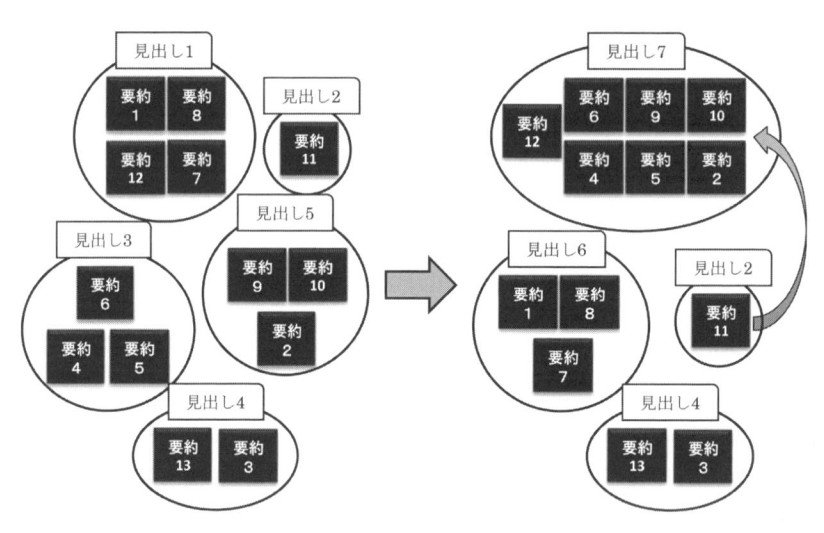

図 3.29　再グループ化による課題抽出

示する．1つの見出しは鉛筆で囲い，長い見出しには段落をつけて○で収まるように囲う．このときに，もっとわかりやすい見出しをつけてもよい．また，見出しの意味関係をわかりやすくするための工夫もする（次頁図 3.30）．

最後に，要約を書き写した最初のポストイットを時系列に沿って並べる．また，空間に配置した時に使用した最後の見出し（付箋用ポストイット）を清書した用紙に基づいて文章化を進める．文章化の際に注意すべきことは，どこまでが文献をとりまとめて要約しているのか，どこからが解釈であるかをはっきり区別することである．

これが，自分で着想した新たな評価軸へ文献を改めて位置づけると同時に，自分の研究の位置づけを明らかにする文献調査法の最終段階である．

3.3.5　情報リテラシーということ

文献調査法における，文献を検索して集める段階は，時間をかければ誰でも効果的に行うことができる．ただし，自分で期限を決めて計画的にやることが大切である．だらだらやると，いつまでも検索と収集だけに時間が費やされてしまう．そのため，国内に限定した検索か，それとも海外も含めるか，あるいは，何十年前の古書も対象とするかなど，自分の置かれている状況（レポート作成や学位論文作成，学会発表等）に沿って，対象とする文献を設定することも重要である．

しかしながら，文献を活用（整理）する段階に

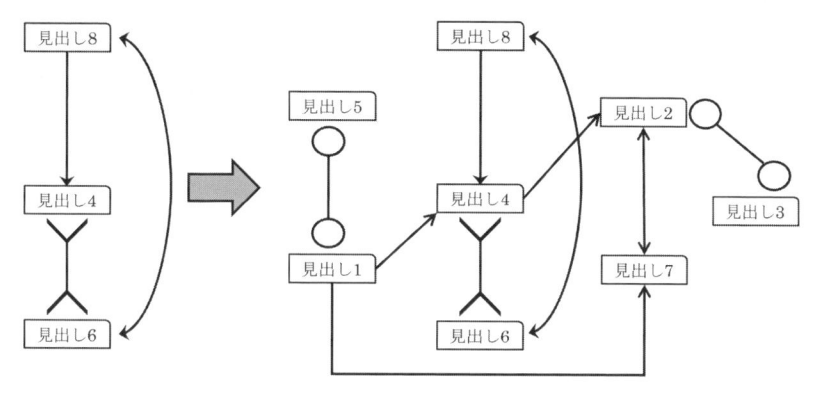

図 3.30 見出しを使った空間配置
相互関係：「見出し A」←→「見出し B」
対立関係：「見出し A」>—<「見出し B」
因果関係：「見出し A」——→「見出し B」
同類関係：「見出し A」○—○「見出し B」

なると上記のことだけでは，文献調査の目的を達成し得ない．なぜならば，集めた文献がどういう内容のものかを解釈しなければ，整理・位置づけができないからである．テーマだけを見てよく読みこみもせず，その文献の内容を評価してしまうには時期尚早である．学生（大学院生を含む）や若手の研究者であるからこそ，特に気をつけなくてはいけない．

したがって，文献調査を成功させるためには，最後の活用する段階においてその文献を読みこなす能力が求められるのである．この能力は，「インターネットで検索ツールを駆使して PDF 版をダウンロードしたり，コピー機を使って複写するテクニック」では養成されない[7]．このような読みこなす能力は，日常的に先生と論議をしたり，同じゼミの場で仲間たちとともに発表や質疑をしたり，指導教授のもとで輪読会を開いたり，学会発表等の場で専門家との討議をする中で磨かれるものである．

つまり，文献調査法とは，一種のイノベーション・プロセスということもできる．興味ある文献の中から，さまざまな執筆者の価値観に触発され，それが自分の内部で蓄積され発信されることを通して，今までにないまったく新たな価値観を創出するのである．筆者は，この文献調査法の最後の段階である，「文献を使うことを意識する場」と

いう意味での知識創造能力が最も重要なことであると考えるとともに，情報リテラシーの核となるものと考えている．

これから文献調査を行う読者の中から一人でも多く，ただ探して集めるだけに関心をもつのではなく，ここで示した最終段階の集めたものを自分が着想した基軸上に整序する文献調査の経験を通じて，他者と自分の知識を分かち合うことの面白さを知る契機に本書が役立てば，筆者最大の目的は果たされたことになる． 〔安江紘幸〕

引用および参考文献

1) 日比忠明（2010）：農学における専門分野の細分化と相互の連携強化の必要性．農学アカデミー会報，**13**：13-15．
2) 平泉光一：農業経済学とその関連分野における文献の探し方 〈http://homepage3.nifty.com/hiraizumi/starthp/subpage10.html 〉
3) 金沢夏樹・松田藤四郎編（2008）：稲のことは稲にきけ．家の光協会．
4) 川喜田二郎（1995）：発想法の科学．川喜田二郎著作集，p.72-59，中央公論社．
5) 日本学術会議農学基礎委員会農業経済学分科会編（2008）：報告 農業経済学分野における研究成果の評価について．
6) 竹中久二雄著（1992）：農業経済学．明文書房．
7) 田中　学（1978）：論文のまとめ方．現代農業

経済学．p.207-216．東京大学出版会．
8) 戸田光昭（2000）：大学における情報リテラシー教育—情報活用能力を高めるための基盤として—．情報管理，**42**(12)：997-1012．
9) 東北大学附属図書館編（2007）：東北大学生のための情報検索の基礎知識 人文社会科学編．東北大学附属図書館．
10) 遠山　潤（2007）：情報・資料・文献の探し方を教える．久留米大学文学部紀要 情報社会学科編．No.3：97-108．

3.4　有機化学分野の文献調査法

　有機化学分野に限っても，読者の立場により必要な情報は随分と異なる．たとえば，特許文献こそが最も重要な調査対象という方もあるだろう．ここでは，主たる読者を学部生，大学院生と仮定し，学術文献の情報を中心に調査法を概説する．

3.4.1　有機化学分野の特徴

　有機化学分野では，「化合物」が調査の対象になる．本書に掲載されている他の分野との最も大きな違いは，キーワード検索だけでは十分な情報が得られないという点にある．無料のPubMed（http://pubmed.gov），Google Scholar beta や，有料のWeb of Knowledge など，キーワードや書誌情報から検索するタイプの検索サイトだけでは通常十分な調査が期待できない．化合物を表現する場合，構造式を描くことが最も簡便で，正確であるので，構造式に対応したデータベースの利用は避けて通れない．

3.4.2　日々の実験に必要な調査
a.　書籍による調査

　有機化学は実験科学である．たとえば，あなたがある化合物を合成するという研究テーマをもつ大学院生だとする．指導教員は，あなたの合成が完了後に，化合物を利用した壮大な研究計画を練っているかもしれない．しかし，あなた自身は，目前の実験で収率よく目的化合物を得ることで頭が一杯になるだろう．立場によって，必要な情報は異なる．

　アルコールの酸化反応ひとつをとっても，多数の試薬が知られている．しかも基質によって最適な試薬が異なる可能性があり，複数の方法を実際に試してみることになる．初学者であるあなたは，どんな反応から試していくべきか途方にくれるかもしれない．

　使用する試薬を決めて，参考論文をもとに，いざ実験開始となっても別の問題が起こる．有機合成化学分野の学術論文の一部では，使用した反応の名前だけを記載し，詳しい実験手法を省略しているからである．こんなとき，定評のある反応を選んで，特徴とともに操作法をまとめた書籍があるので利用しよう．

　化学一般の実験法をまとめたものとして，日本化学会編『実験化学講座』（丸善）がある．現行の第5版（2003-2007）は31巻からなる大部で，個人で購入することは難しいかもしれないが，大学や企業の図書館には通常所蔵されている．日本語で書かれていることも初学者にはうれしい．最近では，実験化学講座を含むデータベース「化学書資料館」（www.chem-reference.com）も便利である．読者の所属機関が購読していれば，卓上のPCから実験化学講座を参照できる．

　合成化学に取り組む大学院生には，Paquette, L. A. 編『*Encyclopedia of Reagents for Organic Synthesis*』（全14巻）（Wiley，2009）も人気がある．合計12000ページを超える大部であり高価だが，合成化学の研究室には1セット備えておきたい事典である．この本は，よく使用する試薬をアルファベット順に並べ，その応用例を反応式で図示している．使用言語は英語であるが，主には構造式を眺めることになるので，理解は容易である．実際の実験方法は，示された引用文献を当たることになる．試薬の毒性や，安定性など安全に関する情報が見やすくまとめられていることもうれしい．

　化合物の合成を行うときには，まず合成計画を立てる．あらかじめ有用な反応や試薬を頭に入れておかなければ，最低限のアイデアも出てこない．

いざ，計画を立てる段になって，一から情報検索を始めるようではいけないのだ．知っている反応が多いほど，自由な発想で合成経路を考案することができる．

初学者が合成反応を勉強するには，天然物の全合成が最適の教材となる．しばらく勉強を続けると，どんな反応の有用性が高いのかわかるようになるだろう．勉強しやすいように，全合成についてまとめた書籍としては Nicolaou らの『Classics in Total Synthesis』（Ⅰ〜Ⅲ巻）（Wiley VCH, 1996-2011）が勧められる．大学院生に広く読まれているシリーズである．人名反応から勉強したい方には，カーティー・ザコー著，富岡訳『人名反応に学ぶ有機合成戦略』（化学同人，2006）がある．これらの本には，原著論文のリストがついていて，必要に応じて論文を参照できる．

紙面の関係で一部をあげるにとどめるが，教科書で学ぶ学部レベルの有機化学と，毎日の実験とのギャップを埋めてくれる書籍こそが，有機化学分野の文献調査の第一歩になることを覚えて欲しい．

b. 特定の化合物に関するデータベースを使った調査

化学の研究では，新規化合物の発見，創出が非常に重要である．たとえば，特許制度においても，化合物自体の特許（物質特許）が強い意味をもつ．物質のもつ機能も当然重視されるが，化合物そのものの発見は「無から有を生み出した」点で別格である．したがって，あなたが天然から（または合成して）得た化合物が新規であるか否かでは大違いである．新規性調査は，いつも力の入る作業になる．

このとき，有名な辞典に載っていなかったとか，Google に化合物名を入力してもヒットしなかったという程度では，新規性の証明にはならない．現在，化合物に関して最も網羅性が高いと信じられているのは，SciFinder（サイファインダー）というデータベースである（https://scifinder.cas.org）．このデータベースで「正しく」検索し，ヒットがなければ，新規化合物と結論してもよいだろう．

この Web を利用した有料サービスは，1995 年に開始されたが，冊子体の前身が 1907 年に創刊されており，過去に遡って網羅的検索が可能となっている．SciFinder は，アメリカ化学会の下部組織であるケミカル・アブストラクツ・サービス（CAS）の製品で，所属機関が契約していないと個人では利用できない．高価であるが，10000 以上の主要学術雑誌（英語以外の言語も含む），61 の機関からの特許情報を職員が実際に読んで収集し，毎日 3000 件以上の情報が追加されていることを考えれば，他に代わりのない貴重な情報源といえる．

従来の SciFinder は，専用のプログラムをインストールした端末を必要としていたが，2008 年にブラウザで使用でき，ユーザー個人でカスタマイズできる Web 版に進化した．図書館へ出向かなくても，たとえば，大学内の研究室から，自分の PC を使って文献調査ができる．特別なソフトウェアのインストールも必要ない．ただし，所属機関全体で同時に使用できる人数に制限がある（たとえば，著者の所属する東北大学では同時に 6 名まで使用可能）．日中など時間帯によって込み合う．皆が譲り合って使用するために，職場，大学でルールを作っている場合もあるので，同僚や先輩，図書館職員に相談してから使用しよう．検索時間によって料金が変化するシステムではないが，他のユーザーに迷惑がかからないように，最短時間でログアウトするのがエチケットとなる．

SciFinder では「Explore References」（キーワードによる文献の検索），「Explore Substances」（構造式による化合物探索），「Explore Reactions」（構造式による反応探索）を行うことができる．このうち，構造式による化合物検索は，最も網羅性が高い．特定の化合物について，漏れのない検索を行うときは必ず使用する．正しく検索してもヒットがない場合は，ほぼ新規化合物といえる．部分構造から検索することもできる．入力する化学構造式は，Web 上で直接描いてもよいが，同時利用可能な端末数に制限があるので，

ChemDraw など代表的な化学構造式描画ソフトであらかじめ作成しておき，SciFinder の画面にコピー&ペーストすると接続時間を節約できる．

c. 化学反応を検索する

紙面の制限から SciFinder の詳しい操作方法は省略する．化学情報協会の Web サイト（www.jaici.or.jp）を参照してほしい．

ここでは画面を使って，反応検索の流れを説明する．図 3.31 は，筆者が SciFinder に sign in した画面である．上部の中央に「Explore References」（キーワードによる文献の検索），「Explore Substances」（構造式による化合物探索），「Explore Reactions」（構造式による反応探索）の3つがあり，ここでは「Explore Reactions」を選んである．

薄紫色の部分に白抜きの四角いエリアがあり，「Click to Edit」と記入されている．これをクリックすると，次のポップアップ画面が現れる（図 3.32）．左に原料の，右に生成物の構造式を描いて，その中央に反応を表す矢印を引くと，原料の下に「reactant/reagent」，生成物の下に「product」という表示が出る（図 3.32 の左側に

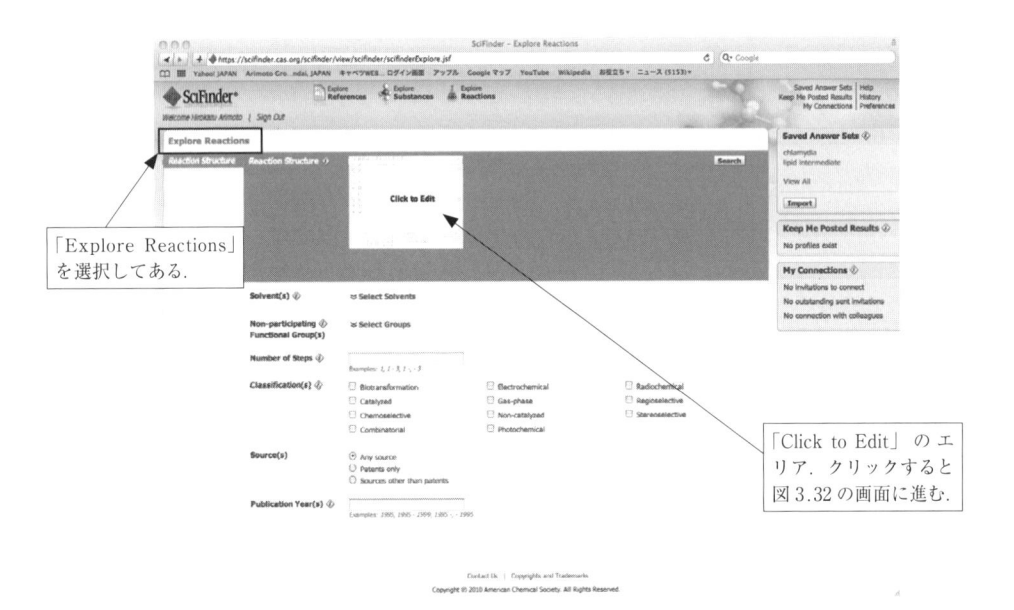

図 3.31 SciFinder の個人ページに接続したところ

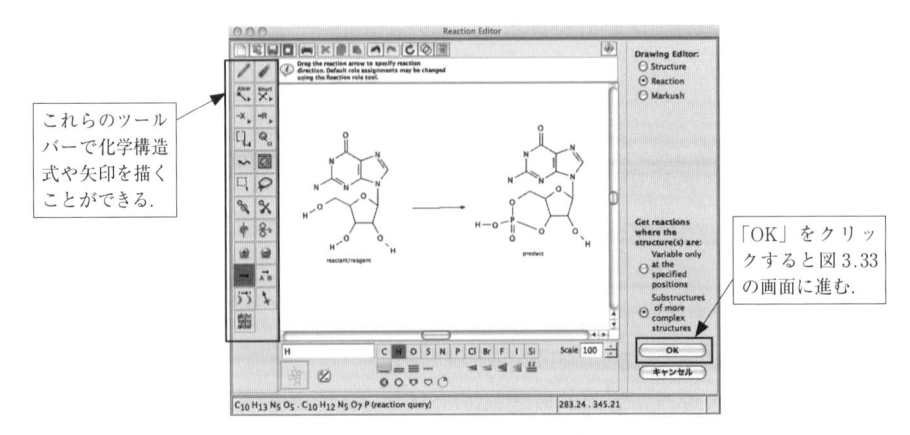

図 3.32 反応検索式の作成

3.4 有機化学分野の文献調査法

ならぶボタンのうちハイライトされたボタンで矢印を引く）．この状態で，OK ボタンを押すと，次の画面に移る．

中央の白いエリアに，望みの反応式が描かれている（図3.33）．ここで「Search」ボタンを押すと，検索が開始される．

次の図3.34は検索結果である．もともと検索式として指定した部分が赤くハイライトされている（本書はモノクロなので区別がつかないが）．黒い部分は，検索式になかった構造である．このように，検索式として描いた構造そのものでなく，検索式を部分構造に含むような反応でも検索されてくる．

表示された反応式の下に，それが掲載されている文献が示されている．必要な論文は，リンクをクリックしてさらに詳しく読むことができる．

このように SciFinder の反応検索は簡便で，かつ非常に有用である．SciFinder の製品情報は，

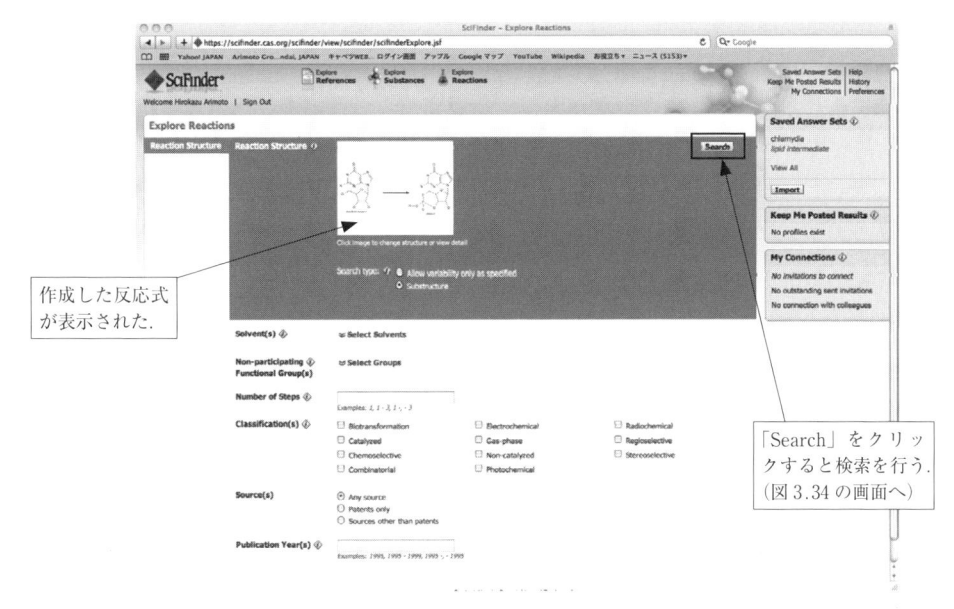

図 3.33 反応検索画面

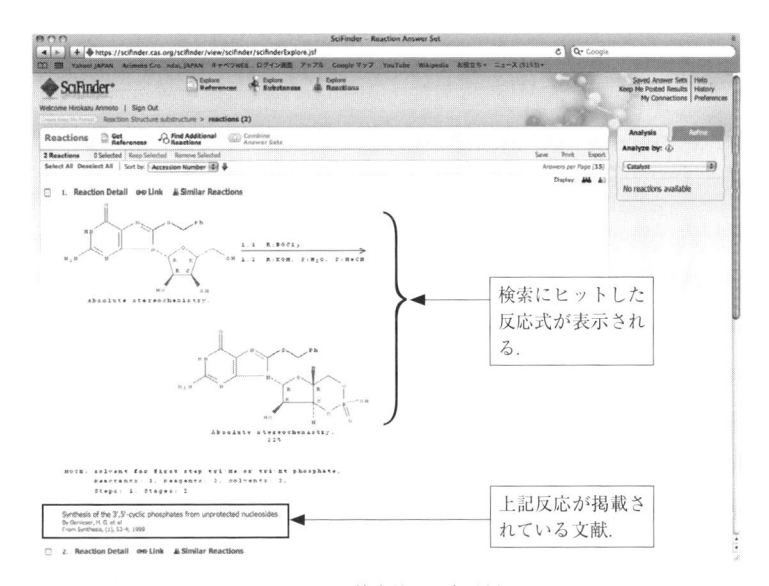

図 3.34 検索結果の表示例

以下のサイト（http://www.cas-japan.jp/products/scifindr/index.html）でより詳しく知ることができる（2010年12月現在）．

周囲の先輩や同僚に聞いても操作法がわからない場合や，目的の情報を上手に検索できないなど，困ったときには化学情報協会のヘルプデスク（http://www.jaici.or.jp/inquiry.html）を利用するとよい．快く，また丁寧に対応してもらえる．筆者がe-メールで質問を送った経験では，数日で回答が得られた．

なお，SciFinder同様の反応検索は，Elsevier社の提供するReaxysというデータベースでも行なうことができる．SciFinderとは違う良さがあり，所属機関が契約していれば使用してみるとよいだろう．

3.4.3 最新研究をフォローし，研究構想を練るための情報検索法

有機化学の研究生活に慣れて，普段の実験操作が難なくできるステージになると，実験をしながらいろいろと構想を練る頭の余裕がでてくる．指導者から与えられた研究テーマに自分のアイデアを加えて一段と発展させるのは，やりがいがあるし，楽しい．自分の研究テーマの周辺で普段からいろいろな情報にふれて，刺激を受けておくと，あるときにハッと思いつく可能性が高まるだろう．

そこで，卒研生や大学院生は，自分の研究テーマに関連する最新の情報を絶えずフォローしておこう．最初は大変だが，しばらく続けていくと特定の分野では指導者以上の知識をもつようになれる．

サイエンスの世界は，基本的に最初の発見者がすべてを取るシステムになっており，「2番目でもよい」ということはないので，この点からも最新論文には目を通しておきたい．自分と同じ研究をしている人間が，地球のどこかにいる可能性は十分あり，先に結果を発表されてしまうと，苦労した自分の研究を発表する機会が永遠に失われる悲劇もありうる．

最新の情報を集める手法として，大きく2つのアプローチがあり，この2つを併用するのが普通である．以下に紹介する．

a. 学術雑誌の最新号に目を通す

この本の読者であれば，*Nature*や*Science*といった科学一般を扱う一流雑誌を知っていることだろう．研究生活をスタートしたばかりの読者諸氏は，実験に忙しく，化学英語にちょっと自身もない（失礼）．10も20もの学術雑誌に毎号目を通すのは難しいだろう．それでは，トップジャーナルである*Nature*と*Science*だけ読むか，とはならないのだ．

学術雑誌には幅広い分野を扱う*Nature*のような雑誌から，特定の専門領域に絞った雑誌までいろいろある．有機化学の研究成果は，むしろ専門誌に掲載されることが多いのだ．2010年秋のノーベル化学賞はクロスカップリングという有機合成反応の開発に携わった3名の有機化学者に与えられた．このうち「鈴木カップリング反応」は*Tetrahedron Letters*という有機化学に特化した民間雑誌に初めて発表された．有機化学分野の大学院生は，むしろ有機化学分野に特化した専門雑誌を中心に勉強するのが普通である．以下に，有機化学分野でよく読まれている学術雑誌の例をあげる．

【化学一般を扱う雑誌】

① *Journal of the American Chemical Society*（アメリカ化学会）

② *Angewandte Chemie International edition*（ドイツ化学会誌，Wiley社）

③ *Nature Chemistry*（Nature publishing group社）

④ *Chemical Communications*（英国王立化学会）

【専門雑誌】

① *Organic Letters*（アメリカ化学会）

② *Tetrahedron Letters*（Elsevier社）

③ *Journal of Organic Chemistry*（アメリカ化学会）

④ *Organic and Biomolecular Chemistry*（英国王立化学会）

⑤ *Journal of Medicinal Chemistry*（アメリカ化

⑥ *Synthesis*（Thieme 社）

専門雑誌として例示したもののうち，①から④は有機化学全般を扱う雑誌である．⑤や⑥は，有機化学の中でもさらに専門的な分野を扱う．⑤は，医薬化学で最も定評がある．⑥は，合成化学に特化した雑誌である．

本書は，農学・生命科学分野の読者を対象にしているから，化学と生物の境界領域で定評のある雑誌もいくつか例示しておく．

【専門雑誌】
① *Nature Chemical Biology*（Nature Publishing group 社）
② *Chemistry & Biology*（Cell press 社）
③ *ChemBioChem*（Wiley 社）
④ *ACS Chemical Biology*（アメリカ化学会）
⑤ *Agricultural & Food Chemistry*（アメリカ化学会）

このように有機化学に限っても，かなり多くの雑誌がある．本書の主たる読者層である大学生，大学院生には到底全部は読み切れない．最初は，先輩や教員から勧められた専門誌 1〜2 誌から目を通すとよい．化学分野の雑誌には，一目で内容がわかるイラスト入りの目次が定着している．これを眺めて，興味をもった論文だけ読めばよい．

b. 総説を読む

研究生活をスタートさせたばかりの読者にとって，学術論文は読むに難しく，読んでも狭い範囲の知識しか得られない．特定分野の研究の現状をまとめてあり，1 つ読めば全体観が得られる便利なものが誰でも欲しくなる．サイエンスのどの領域にも，そのようなニーズがあり，総説（review）とよばれる（第 1 章参照）．前項で例示した雑誌には，各巻の冒頭にタイムリーな総説を載せているものが多くある（*Angewandte Chemie International edition*, *Chemical Communications* など）．また，総説だけを掲載する雑誌もある．
① *Chemical Reviews*（アメリカ化学会）
② *Chemical Society Reviews*（英国王立化学会）
③ *The Chemical Records*（Wiley 社）
④ 有機合成化学協会誌

最初の 3 つは化学全般をカバーしている．特に①の定評は高い．引用される頻度では *Nature* に匹敵するので，多くの研究者に支持されていることがわかる．4 番目の有機合成化学協会誌は，日本語で書かれており，有機化学を学ぶ学生諸氏に長年支持されている．

総説は，研究分野の外観をざっくりとつかむのに最適である．ただし，最近の科学の進展は早いから，総説が執筆された頃には研究の最先端がすでに先へいっていることも多い．総説だけで情報収集するのはあまりよい態度とはいえない．

c. より効率的に目を通すには：アラートサービスや RSS フィードの利用

これまで雑誌についていろいろと述べてきたが，筆者の場合，実際に紙に印刷された雑誌そのものを目にする機会がほとんどない．電子ジャーナルとして自室のノート型 PC から読んでいる．電子ジャーナルの大多数は有料で，所属機関の図書館が高額の購読料を支払っている．雑誌の購読料高騰は，すべての図書館にとって頭が痛い問題である．

読者の所属機関によっては，有機化学の研究を行ううえで必須といえるような雑誌さえ金銭的問題で購読していない場合があるだろう．筆者は，3 つの国立大学で教えた経験があり，読みたい雑誌が読めないという大多数の学生諸氏の苦労を知っている．大学に所属していれば，時間は食うが図書館を通じて安価で論文のコピーを他機関から入手できるから司書と相談して欲しい．研究活動において最終的に大事なことは，あなた自身の独創的アイデアであって，関連領域の論文をどれだけたくさん収集したかではない．不自由な環境でも工夫をして乗り切って欲しい．

仮に電子ジャーナルを購読していなくても，通常，論文名や要旨を含む目次を読むことができる．望みの雑誌の Web サイトに行って，定期的に読めばよいが，忙しいし，ついつい見逃すことになる．こんなときに役立つツールを 2 つ紹介したい．

第一は，e-メールによるアラートサービスであ

る．雑誌の新しい号が発行されるごとに定期的に目次をe-メールで知らせてくれる．手続きは，雑誌のWebサイトに書かれており，自分自身のe-メールアドレスや最小限の個人情報を登録すると無料でサービスを受けられる．筆者が目を通す有機化学関連雑誌はすべてこのサービスを行なっている．

第二はRSSフィードを利用する方法である．主要な学術雑誌の多くがRSSフィードというコードをもっている．このコードは，簡単に集めることができる．RSSリーダーを使うと各雑誌のWebページをいちいち訪れる必要がなくなり，自分個人のプライベートページにすべての雑誌の最新記事をまとめて読むことができるようになる．

RSSリーダーは複数あるが，ここでは利用者の多い「Googleリーダー」について述べたい．図3.35は筆者個人のページを示している．Googleリーダーを利用するには無料のGoogleアカウントの作製が必要である．読者各自で作製されたい．GoogleのWebサイトでGoogleリーダーのサイトを選んで，ログインすると，図のような画面となる．職場，大学だけでなく，どのPCからもログインすることが可能である．左下に「登録フィード」の一覧があり，複数の学術雑誌などが表示されている．好きな雑誌を登録するには，画面左上の「Googleリーダー」下にあるボタン「登録フィードを追加」を押して，学術雑誌の名前を入力し，表示される複数候補の中から目的のものを探して登録する．簡単な操作である．

図3.35では，アメリカ化学会誌をクリックしているので，右枠内に最新の論文が画像とともに表示されている．論文題目をクリックすると，その論文にジャンプする．

登録された雑誌名の右の括弧内に数字が表示されていれば，未読の記事があることを示しているから，そのときだけクリックして読めばよいのである（所属機関が当該雑誌を購読していないと目次までしか読めない）．大きく時間の節約になる．RSSフィードは，日本の新聞，英語学習のサイト，ブログなどでも提供されているので，RSSリーダーを使って，読者のお気に入りページもどんどん登録するとよい．RSSリーダーは無料である．

さて，本項ではe-メールによるアラートサービスと，RSSリーダーの利用を紹介した．どちらがお勧めか？という読者の声が聞こえてくる気がする．筆者は，ITに強くなく，これまではe-メールによるアラートを主として使ってきた．しかし，時間の効率や，目次とともに示されるグラフィックを考慮して，現在はRSSリーダーに移行する途中である．ただ，一部の学術雑誌は，まだRSSフィードを提供しておらず，完全移行はできていない．

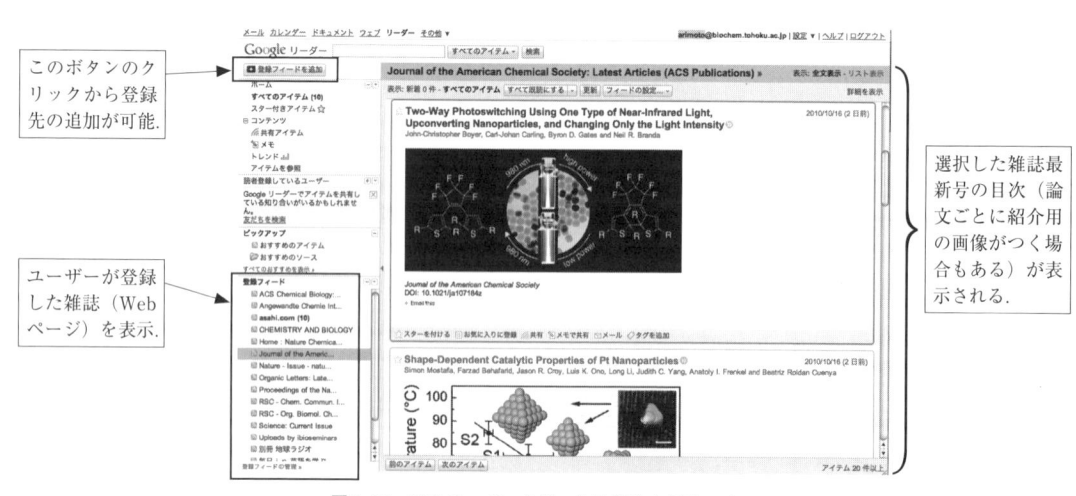

図 3.35 RSSリーダーを用いた最新論文目次のチェック

d. 集めた論文の管理

(1) 文献管理ソフトを使う

研究を始めて間もないうちは，読むべき文献も指導者に与えられたものが中心となる．数が限られているうちは，印刷した論文をホチキス止めし，紙製のバインダーにでも閉じておくことができる．しかし，最新の雑誌に目を通したり，研究室の文献紹介などを重ねて行くと，そのバインダーは厚くなり，やがて「あれっ？ どこかで見たんだけど…」となるだろう．こんなときは，文献管理ソフトを使うとよい．

この項では，EndNote Web（トムソン・ロイター社）について説明する（図3.36）．EndNote Web は，論文を収集し，フォルダに分類して管理ができる．そして，将来，卒業論文，学位論文，学術論文を書くときに，引用文献リスト作成の作業を大きく軽減してくれる．利用は無料である．

図3.36 は，著者のページにログインした状態を示している．左上の EndNote Web のロゴの下に，マイ レファレンス，収集，フォーマット，オプションという4つのタブがあり，図では「マイ レファレンス」が選択されている．左のクリーム色部分に，赤字でもう1ヶ所「マイ レファレンス」と書かれた欄がある．現在筆者が登録している文献が483報あることが表示されている．さらに，その少し下に「マイ グループ」という行がある．図を見やすくするために展開していないが，筆者はマイ グループのなかに25個のフォルダを作っており，研究テーマごとに文献を分類している．図では抗生物質 vancomycin に関連する論文だけを表示させている．

表示させている論文の3つ目を見てほしい（図3.37）．これは，筆者が駆け出しの研究者であったころの代表的論文である．右下に「被引用数：50」と表示されている．50報の学術論文において筆者の論文が参考文献として引用されたことを示している．ここで50という数字をクリックすると，次の画面が現れる（次頁図3.38）．

リンク先は Web of Science のページになっており，筆者の論文を引用している論文が1, 2, 3, …と新しいものから順に表示されている．じつをいうと，この1から3までの論文が掲載された学術雑誌を，筆者自身は普段読んでいない．見逃してしまいがちな論文である．今回説明した機能を使うことによって，自身に関連する研究を見逃さずにすむのである．

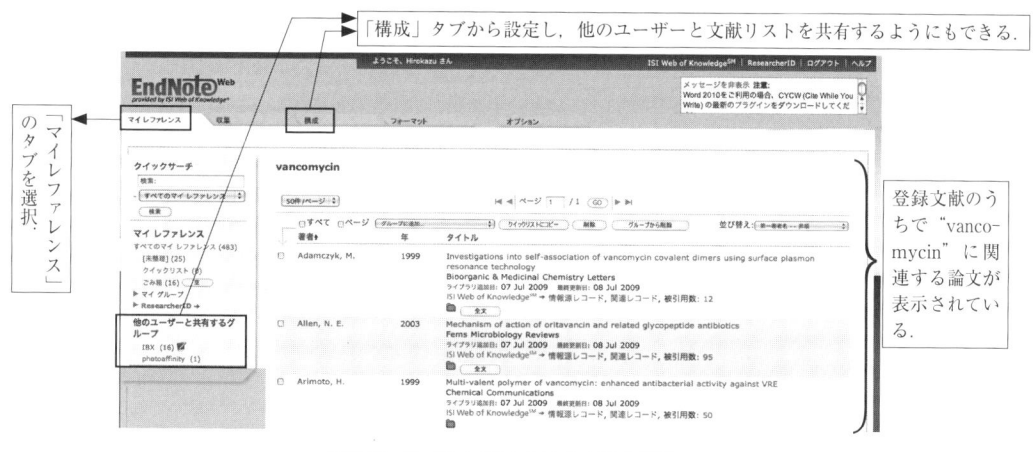

図3.36 EndNote Web による文献の管理

図3.37 図3.36で表示されている論文データ（上から3つ目）の拡大

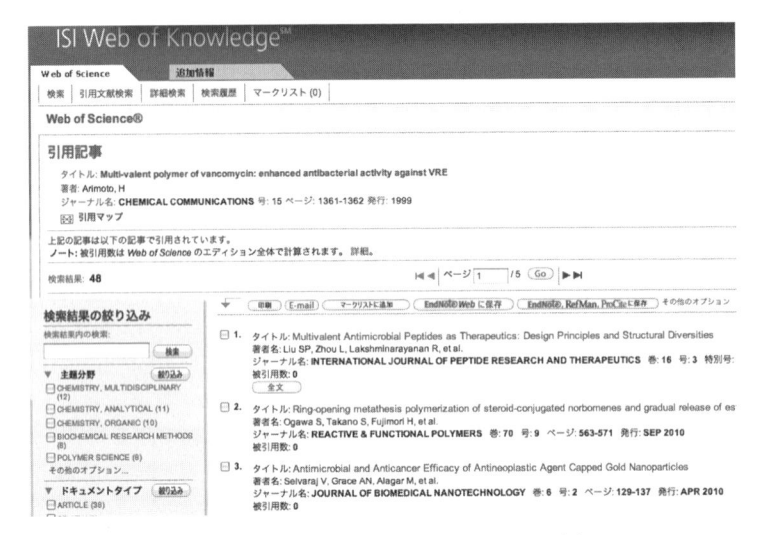

図 3.38 図 3.37 の文献を引用している論文の一覧表示

　若い読者の方は，まだ自分自身が執筆した論文がなく，こんな機能はいらないと思うかもしれない．しかし，ちょっと待ってほしい．あなたの研究テーマに関連した研究者が，必ず引用するような「重要論文」はないだろうか？　たとえば，あなたが天然物の全合成に取り組んでいるとする（注：小さな分子から多段階かけて合成することを全合成といい，有機化学の中心的研究領域となっている）．合成ターゲットとしている天然物を最初に単離し，構造を決めた論文が，この場合の「重要論文」にあたる．不運にも，あなたの競争相手が先に全合成を完了させ，論文を書くときには，この天然物の構造についての論文を必ず引用するはずである．この論文を EndNote Web に登録しておいて，時々確認すれば，競争相手の存在を見落とさずに済むことになる．

　このような「重要論文」が，総説であることも多い．大先生が書いた有名な総説が，あなたの研究内容に近ければ，この総説の引用状況を EndNote Web で確認することによって同様に競争相手を見つけることができる．

　本項冒頭で述べたように，学術論文の最新号に絶えず目を通すことは，研究者の研鑽として重要であるが，それだけでは疲れる．EndNote Web をうまく使って，関連研究（＝競争相手）を待ち伏せし，効率的に情報収集することも行なうべきである．

　EndNote Web は，Web of Science の提供元でもあるトムソン・ロイター社（Thomson Reuters）の製品である．研究指向の大学のほとんどでWeb of Science が導入されており，EndNote Web と連携させた使い方が有効である．万が一，Web of Science が使用できない場合には PubMed を使って EndNote に論文を収集することも可能である．

　(2)　文献管理ソフトを使って，論文を仲間と共有する

　EndNote Web を使うと，あなたが集めた重要文献リストを親しい友人と共有することができる．もう一度，図 3.36 を見て欲しい．左のクリーム色部分の一番下に「他のユーザーと共有するグループ」があり，2 つのフォルダが表示されている．これは，筆者のグループメンバーが自分用に作成したフォルダである．メンバーが新規に論文を追加登録すると，ただちに筆者のページでも反映される．図の上側に「構成」というタブがあり，ここでフォルダごとに誰と共有するのか設定できる．実際には，見せたい相手の e-メールアドレスを登録するだけである．もちろん，筆者がフォルダに集めた文献はグループメンバーに公開して

いる．

時間をかけて集めた関連論文のリストは，研究室の重要な財産でもある．論文の内容を指導者なり，先輩が確認して取捨選択し，本当に重要なものだけがそろっているからだ．EndNote Web を上手く使って，研究グループの知識を向上させて行きたいものである．何年にもおよぶ長期プロジェクトの場合には，卒業する先輩から新しいメンバーへの引き継ぎにも有効かもしれない．

(3) 迷子の論文を作らない

有機化学，特に，天然物合成分野では，1報の論文にも多数の合成反応が記載されている．確かどこかで見たなあと，要旨やキーワードの部分を当てにして，Google Scholar, PubMed, Web of Science を検索しても，目的の反応はヒットしないことが多い．

だから，有機化学者は博覧強記である．「E. J. Corey が 1988 年に発表した Ginkgolide B の全合成で，似たような反応が使われていた」といった風で，何でも記憶しており驚かされる．しかし，記憶力には限りがあり，年とともに衰えてもゆく．前項で述べた EndNote を使って，いつもスッキリ分類しておけばよいのだが，筆者のような「ものぐさ」は，それを怠るときもある．

記憶力に自信がない向きには，次善の策としてパソコンの全文検索機能を勧めたい．これは，といった文献を PDF ファイルでダウンロードし，パソコンにフォルダを作って，どんどん入れていく．筆者が使用している Macintosh には，Spotlight というすぐれた全文検索機能がついている．PDF ファイルであっても，いちいち開くことなく，ハードディスクに保存されているすべてのデータを調べてくれる．著者名や反応名など記憶を頼りにヒントを入力すれば，特に PDF ファイルを整理していなくても簡単に目的論文を見つけることができる．

手持ちの PC の検索機能が不十分な場合には，情報管理ソフト Evernote の利用を検討するとよい．Windows でも Macintosh でも使えるし，基本的な使用なら無料である．Evernote をサイト（http://www.evernote.com/about/intl/jp/）からダウンロードして，「新規ノートブック」をクリックして論文を入れる「ノートブック」を作る．次に論文の PDF ファイルを，Evernote のアイコンにドラッグする論文が取り込まれる．Evernote には文字を光学的に読み取れる OCR 機能がついているので，画像ファイルでも文字が検索できることがある．

3.4.4 データベースでヒットしない＝この反応はうまく行かない？

ある日 A 君は，先生に渡された合成計画を眺めていた．SciFinder の反応検索を使って，合成の各段階に関連する文献を集めたところ，ある段階だけは，類似の例がまったくないことがわかった．「先生，この段階はうまく進行しそうもないので変更しませんか？」と提案したところ，「君は全然わかってない」と叱られた．「今日はついてない日だ…」．

こんな風景は，どこの有機化学研究室でもみられる．どうして，A 君は叱られたのだろう？

①前例のない段階こそ，中心的アイデアなのかもしれない：アカデミックな研究では，これまでに知られていない新しいアイデアを試すことが重要になる．先生は，前例が少ないのを承知のうえで，その反応を合成経路に採用したのかもしれない．

②実験してみないとわからない：最初からあきらめているのでは，何も新しいことは生まれない．予想外の発見は，実験から見つかる．

③実験すると，なぜ前例がないのかがわかる：過去の文献例が見つからない場合，A 君が指摘したように，その反応がうまく進行しない可能性があるだろう．確かに，先生のアイデアには，何か欠けている点があるかもしれない．ただ，実際に実験を行なってみると，たとえ目的とする化合物でなくとも，代わりに生成物が得られ，その構造から「フラスコでなにが起きたのか」理解できる．そこが研究の出発点である．反応の条件を工夫すると，目的が達成できるかもし

れない.

④データベース検索で「〜がない」を証明するのは困難である：「グルコースは既知化合物である」，「バンコマイシンは複数の研究グループによって全合成されている」など，過去に研究報告があるという証明は容易である．検索してヒットすれば，基本的にそれで終わりである．一方，「この化合物の合成はいまだ成されていない」など，過去に「〜がない」を示すことは，ずっと難しい．検索してヒットが得られなくても，見落としがあるかもしれないからだ．同じ化合物が複数の名称をもつ場合も少なくないから，化学の分野では特に注意を要する．

そもそも，「〜がない」を証明するには，検索に使うデータベースが，情報を完全に網羅している必要がある．化合物の検索において，網羅性が充分と信じられているのはSciFinderだけである．SciFinderも地球上すべての論文をカバーしているわけではない．また，人の目で化合物を登録している以上，完璧な採録は困難である．

SciFinderにおいて，化合物検索と反応検索では，網羅性に大きな差があることも知っておかなくてはならない．SciFinderには1億2千件以上の化学物質の名称，分子式，構造などが登録されているが，有機化学反応については2300万件が登録されているにすぎない．特に，反応検索を用いる場合には，ヒットがないからといって，「この反応は知られていない」と軽々に結論しないこと．

3.4.5 まとめ

有機化学者の視点で，文献情報の探索法を概観した．この分野では化学構造式を用いた検索が多用されるところに最大の特徴がある．検索されてくる多数のヒットから適切な情報をピックアップする段階では，検索者の有機化学理解度が大いに影響するので，研究能力と検索能力の伸びは互いに相乗作用がある．収集した論文はうまく使いこなせるように整理しておくべきであり，本稿で紹介した各種の方法を参考に自分なりのやり方を確立して欲しい.　　　　　　〔有本博一〕

3.5　植物科学分野の文献調査法

「情報をいかに獲得・利用し，それを活用するか」ということは，研究だけでなく，どのような分野でも重要である[1]．この本を手に取られているのは研究者，学生，大学院生が多いであろうか．学生，大学院生は，これを読んだ後，研究者になるかもしれないし，そうでないかもしれない．しかしながら，どんな職場，どんな職業であろうと，いかに新しい情報を迅速に獲得し，それを咀嚼して意味のあるものに利用するという方法論が重要であることには違いない．そこで，ここでは，植物科学を素材として，文献検索，その利活用について記述するが，異なる分野の方々にも，対象や言葉を置き換えれば，十分参考になると考えることから，分野を問わず読んでいたければ幸甚である.

植物・作物を研究するということを広い意味で「植物科学分野」と定義するとしよう．その中には，農学，理学，工学，環境科学など，さまざまな研究分野に立ち位置を置いた学生，大学院生，研究者が存在している．農学では特に，栽培・利用する植物を「作物」と呼んでいる．たとえば，「イネ」を検索するとき，イネ，rice（イネの英名），*Oryza sativa* L.（イネの学名）という言葉では，作物という概念なのか，植物という概念に基づいているのかということが十分に表現されておらず，検索に用いる単語としては不十分である．つまり，「イネ」に関するどのような情報を得ることが大切なのか，つまり，農学的な作物のイネなのか，そうではなく植物科学的な広義の植物のイネなのかということについては，検索をするときに注意を要する．だからといって，たとえば，「作物」，「植物」という単語を「イネ」とあわせて検索しても，必ずしも有用な情報を得ることができない場合もある．昔であれば，特定の科学雑誌にはある決まった分野の研究が掲載されること

が多かったので，そうした特定の科学雑誌だけを見ていればよかった．しかしながら，科学が発展すると，さまざまな分野において「イネ」という言葉が使われるようになり，自分がどんな目的でどんな研究をしたいから論文・情報を探しているのか，それがはっきりしないと本当に検索したい情報・文献にはお目にかかれないという憂き目にあうことを注意されたい．

本節では，先述の通り，植物，作物を材料としており，遺伝学，分子生物学，形態学，情報生物学などを中心とした研究者向けの内容であるかもしれないが，生理学，生化学など関連分野の研究者にも読んでもらい，活用できるような記述に努めた．また，ここでは，文献だけに限らず，研究活動を行ううえで重要となる材料，方法，遺伝子などを一括して，「情報」というとらえ方をして，それぞれの情報をいかにして活用するかということを記した．

3.5.1 文献探索と活用
a. インターネット以前

著者が研究を始めた当時，1980 年代の終わりであるが，もちろんインターネットもなく，論文を探すということはある種，手作業であった．自分が見たい雑誌がいつ出るかを把握しておいて，図書館まで出向き，新しい情報を得るということが研究の一環でもあった．このように新着雑誌を冊子体として手に取るということには，それなりの意味があったように思う．見たい論文だけを読もうとしてもページをめくる過程で他の論文も部分的に目に入る．思いがけない図表を見たときに，はっと気がつかされることがある．今のように必要な論文だけを PDF ファイルとしてダウンロードし，その論文しか見ていない場合，文献検索のうえで意外な発見をすることは難しいかもしれない．アナログの時代の冊子体というものは，それはそれで良いものであったのかもしれない．

この時代にあった最新情報を高頻度に検索するものとして，トムソン・ロイター（Thomson Reuters）社が提供していた *Current Contents* という週刊雑誌があった．ここには編集される週に出た（あるいは，出る）雑誌の巻，号，論文タイトル，著者などの情報があった．短時間に面白そうな論文を探すことは可能であったが，週刊誌であることから毎週，あるいは定期的に図書館に足を運んで，必要な情報をメモして，その雑誌が図書館に来るのを待つ必要があった．もちろん，雑誌が日本に届くまでのタイムラグもあり，論文が掲載されている雑誌を見る頃には，その興味が半減していることも多々あったことを考えると，昔の環境は見たいときにすぐ見ることができないという問題があった．

同時代に，大阪大学 大型計算機センター（現・サイバーメディアセンター）で運用されていた「BIOSIS」というデータベースがあった．かなり古い時代の「生物学一般」のデータセットがあったことから，キーワードなどを入れて特定の研究領域の論文を集めたり，抄録を執筆するときには便利であった．問題は，インターネット時代ではないことから，大学の専用端末，あるいは，研究室からダイアル回線で専用回線に入り，キーボードからさまざまなコマンドを入力してデータを取得する必要があった．それでも，インターネットが構築されデータベースが世にあふれる以前の時代のものとしては，画期的なものであった．何より，自分で "and"，"or" などのコマンドを入力して自分のほしい情報を獲得できるというのは，今のシステムの原型かもしれない．ただ，専用回線への接続などについての基礎知識がないと動かせないなど，問題もあった．その点，著者が在籍した研究室には，こうした分野に長けた諸先輩がいて，教示いただけたことはありがたかった．

この時代の文献活用は，上記のように図書館に定期的に新刊を読むために通い，冊子体（アナログ）の論文をコピーして読み，その論文に引用されている研究，実験に関係しそうな論文を探して，さらに次の論文を読むということが基本であった．時代が変わっても，新刊から得る情報，論文が引用している関連情報の重要性という点は，何も変化していない．単に，検索のための方法が変わっ

ただけである.

b. インターネットを介した文献検索

インターネットが登場して間もない頃は,文献検索において大きな変化はなかった.変化が出てきたのは,それぞれの雑誌（Journal）のホームページができ,そこからPDFファイルをダウンロードして読むことができるようになってからであろう.近年ではほとんどの雑誌のホームページがあり,有料,無料でPDFファイルを利用できる.植物科学といってもさまざまな分野に細分化され,それぞれに特化した分野,遺伝,育種,園芸,栄養,肥料,土壌,作物,昆虫,病理,分類,生態等,それに該当する雑誌の中を直接検索するのもよい.筆者が目を通すような雑誌のURLを表3.9に示しておくので,参考になればと思う.

ネット上にあふれている情報を検索するうえで,よく使われるサイトが大きく分けて2つある.無料のサイトのGoogle Scholar betaとPubMedである.Google Scholar betaは最近になって登場したサイトであり,さまざまな分野を網羅して検索できる.検索以外の機能としては,後述のOvidSP, ISI Web of Knowledge, SCOPUSに近いものがある.PubMedは植物,動物を問わず,医学・生命科学関連情報が得られる.欲しい情報にあわせて,使い分けていただければよい.PubMedはNCBIが提供していることもあり,単に文献だけでなく,遺伝子情報,実験材料などの検索もできる利点がある.農学系の検索サイトとしては,アメリカ農務省が提供しているThe NAL Catalog（AGRICOLA）とデータベースがあり,論文・雑誌を検索できる.日本の国立情報学研究所が提供しているデータベースには,CiNii, Webcatと検索サイトがある.CiNiiでは,論文などが検索でき,Webcatでは検索して得られた論文で電子物がないような場合,日本のどこの図書館に所蔵されているかを明らかにすることができる.

表3.9 植物科学文献検索時に役に立つURL

サイト名称	URLアドレス	提供内容
Google Scholar beta	http://scholar.google.co.jp/	Googleが提供している無料の論文検索サイト
PubMed	http://www.ncbi.nlm.nih.gov/sites/entrez	米国NCBIが提供している無料の論文検索サイト
The NAL Catalog（AGRICOLA）	http://agricola.nal.usda.gov/	米国NSDAが提供している無料の農学系論文検索サイト
CiNii	http://ci.nii.ac.jp/	国立情報学研究所の論文情報ナビゲーターサイト
大学図書館目録検索（Webcat）	http://webcat.nii.ac.jp/	国立情報学研究所の図書・雑誌総合目録データベースWWW検索サービスサイト
OvidSP	http://ovidsp.ovid.com/	ウォルター・クリューア（Wolters Kluwer）社が有料で提供している論文検索サイト
ISI Web of Knowledge	http://www.isiknowledge.com/	トムソン・ロイター（Thomson Reuters）社が有料で提供している論文検索サイト
SCOPUS	http://www.scopus.com/home.url	エルゼビア（Elsevier）社が有料で提供している論文検索サイト
Nature	http://www.nature.com/	国際科学雑誌 Nature, その姉妹誌の論文とその情報
Science	http://www.sciencemag.org/	国際科学雑誌 Science, その姉妹誌の論文とその情報
Cell	http://www.cell.com/	国際科学雑誌 Cell, その姉妹誌の論文とその情報
PNAS	http://www.pnas.org/	米国科学アカデミー紀要の論文とその情報
The Plant Cell	http://www.plantcell.org/	国際植物科学雑誌 The Plant Cell の論文とその情報
The Plant Journal	http://www.wiley.com/bw/journal.asp?ref=0960-7412	国際植物科学雑誌 The Plant Journal の論文とその情報
Plant Physiology	http://www.plantphysiol.org/	国際植物科学雑誌 Plant Physiology の論文とその情報
Plant Cell Physiology	http://pcp.oxfordjournals.org/	国際植物科学雑誌 Plant Cell Physiology の論文とその情報

一方，世界規模の大手出版社が提供しているOvidSP（ウォルター・クリューア社），ISI Web of Knowledge（トムソン・ロイター社），SCOPUS（エルゼビア社）は，それぞれ多少の違いはあるものの，著者，キーワード等，さまざまな要素で論文を絞り込むことができる．ただし有料であり，いつでもどこでも利用できるというわけではないという制限がある．大学などで契約をしていれば，その大学のネット環境下では利用できるが，そうでない環境では利用できない．無料のGoogle Scholar beta, PubMed の方が，どこでも利用できるという点では，すぐれているのかもしれない．

OvidSP, ISI Web of Knowledge, SCOPUS, Google Scholar beta では，それぞれの論文がどんな論文を引用しているのかという情報も得られ，いわゆる「芋づる式」に関連する論文情報を得ることができる．つまり，これらの4つ検索機能があるOvidSP, ISI Web of Knowledge, SCOPUS, Google Scholar beta には，引用元（被引用）が掲載されていて，現在調査中の論文がどんな論文に引用されているかということが，サイト上に表示される．また，この論文に関連している論文も同時に検索可能であり，検索を始めたときに使った論文と関連する一連の論文リストもサイトに作製されるという機能がある．これを利用すればクリックするだけで，過去の論文情報にどんどんさかのぼることができる．アナログ時代でも同じことができたが，それに要する時間は，はるかに短縮された．また，探している論文がどのような論文によって引用されているのか（被引用），という情報も得られ，単に論文を検索するだけではなく，論文がどのような分野に対する価値をもっているかということも検索できるようになっている．

では，実際にGoogle Scholar beta を例にして，検索をしてみる．検索したい単語を入れるところに「self-incompatibility Brassica」と入力し，検索というボタンを押すと，約5730件，という検索結果が現れる（2010年7月7日時点）．ここで用いている，「self-incompatibility Brassica」というのは，「自家不和合性 *Brassica* 属」という日本語に対応するが，論文のほとんどが英語であるために，それに対応する英語を入力しないと，必要とする多くの論文情報は得られない．5730件をすべて閲覧することはたいへんなので，もう1つ単語を加えて，「self-incompatibility Brassica Watanabe」とすると，913件まで減少する（次頁図3.39）．このようにどうやって絞り込むかは，ある程度，その分野でどんな単語が使われているかを検索前に十分に検討する必要がある．もちろん，初めて検索する学生の方には難しい作業かもしれない．そのときに，研究室の先輩などから，助言をもらうのも1つの方法であろう．また，最初はいろいろと入力して，どんな文献が出てくるかなど，そのサイトごとの傾向を知ることも重要である．最初にした苦労は，後に何倍にもなってかえってくる．

c. 検索文献の利活用

まず，検索してきて得られた論文がどのような構成になっているかを理解することが，特に，大学生，大学院生には，問題になるであろう．では，一般的な科学論文は，どのような構成になっているのであろうか．まず，最初に論文の「タイトル」がある．この論文をいかに読者に対してインパクトがあり，この論文全体を説明しているかというものである．次に，論文の著者名とその所属が記してある．所属については別記載の場合もある．著者名の表記は英語の場合，一般的に，名前，名字の順になっている．その次に，論文を200～300 words で簡略し，要約が続く．そのあとに，この論文を検索するときに使うような key words が多くの雑誌では記述されている．ここまでが，論文の前段の部分である．この部分に続いて，序論・緒言と呼ばれる Introduction がある．ここでは，論文を一般の人が理解しやすいように，これまでの研究の歴史，先行研究がどうなっているか，また，なぜ，このような研究を行うようになったのかということが記されている．次のセクションは，結果（Results）が続く．場合によっては，結果と考察（Results and Discussion）と

図3.39 Google Scholar beta による検索結果の例
「self-incompatibility Brassica Watanabe」の3語で検索．913件の文献がヒットした．

いうケースもある（従来は後に述べる「材料および方法」が先に来るスタイルが多かったが，近年「結果」を先に書く形式をとる雑誌が増えているので，ここではそれにのっとって記述する）．結果のところで重要なことは，論理立って実験結果が記述することで，その記述の順序を誤ると論文全体が理解しにくいものになったりする．大学生など初歩の方は，結果のところが実験をした順に並んでいると誤解しているようなケースもみられるが，決してそのようなことはない．考察（Discussion）では，結果から得られたデータをこれまでの先行研究などと比較して，何が新規な事実で，何がこれまでの結果をサポートしているかなどが記述されている．この考察のあとに，材料および方法（Materials and Methods）という項目で，実験に使ったさまざまな材料，方法が記述されている．一般的には，ここの記述を読めば，ここで行った一連の実験が再現できるとされている．ここまでが，いわゆる論文の本体ともいえる．この本体に続いて，謝辞（Acknowledgments）がある．この研究費の出所，あるいは著者以外の論文をまとめるにあたって，議論，実験補助をいただいた人物・団体・機関等の名前が記述されている．論文の最後には，引用文献（References）がある．論文中引用した文献の一覧表である．文献の著者名，発表年，論文名，雑誌名，雑誌の巻（Volume），掲載されているページ等の情報の表記方法は，掲載雑誌によって異なる．読むときには引用文献の記載方法は重要ではないが，実際に論文を書くという作業を行うときには重要になる

ので，これを機会に注意いただきたい．1つの論文を読めば，これだけの情報が得られるということになる．

検索で得られた論文をどのように利用し，活用するかという点については，それぞれの読者が置かれている立場によって大きく異なる．基本は，まず，その得た論文を通読，精読することであろう．では，論文を読むということで，どのような情報を得ることができるのであろうか．論文を読むことで，その研究分野のスタンダードを理解することができる．ここでいうスタンダードとは，すでに明らかにされている事実，事象，現況に対する一般的な解釈，認知（コンセンサス），いまだ解明されていない事柄，実験方法，実験技術，実験結果が意味することなどであり，これらを理解することで，それぞれの読者（大学生・大学院生・研究者）の立場として，研究方針，研究計画，研究方法等を組み立てることができる．

しかしながら，目的としていた情報がその論文に記述されていなければ，改めて別の文献を探す必要がある．そのためには，上記のような検索を繰り返すことになる．また，得たい情報は，先行研究の内容，実験方法，論文が書かれた時代における当該分野で議論されている内容など，多岐にわたることが予想される．初めて論文を読む学生にとっては，論文のどの部分にどのようなことが記述されており，どの部分に自分が必要としている情報があるかを，理解することから始まる．また，特定の論文を読むことも重要であるが，大学院生のような若い時代に，関連領域の論文をたくさん読み込んでおいたかどうかによって，そのあとの研究に幅をもたせることができるかが決まるといっても過言でない．このようなことから，最新論文をよりたくさん読むようにすることが，後述の論文執筆段階においても有効であると考える．

この分野において学術論文といえば，まず，英語で書かれたものである．昔であれば，専門用語を日本語に訳してくれるような大きな辞書が手元にないことが多く，論文を検索できてもそれを読むことはかなりの苦労が必要であった．現在に至っては，後述のようなインターネット上の辞書，英訳ツールも存在することから，それらを利用することで，読むことの苦労はずいぶん軽減されたかもしれないが，読む論文の数を減少させることはない．

次に，文献の活用として重要なことは，さまざまなステップでの論文作成になるが，この点についての詳細は後述する．

3.5.2 植物遺伝資源，遺伝子，ゲノム情報の探索と活用

a. インターネット以前

文献を検索してみた後，こんな実験ができそうだということがわかったとしよう．では，その実験をするためには，植物の種子であったり，遺伝子断片であったり，研究室にないものをそろえる必要がある．研究を前任者から引き継いだような場合は，先の文献などと一緒に実験材料も手渡されることがある．それがわかりやすく整理されていればよいが，そうでない場合には，その中身を理解するまでにずいぶんと時間をとられる．これは，インターネット云々の問題ではない．論文を含めて，実験に使えるものを整理しておくことは，その後の実験の発展には不可欠である．

インターネット以前でも，遺伝資源，遺伝子断片等を特定の研究機関から分譲されることはよくあった．この場合，研究室の教授を通じた紹介などは，今のようなe-mail，あるいは，インターネットでの申込とは異なり，丁寧な手紙を書く必要があった．丁重な手紙を書くことは，単に材料の分譲だけではなく，さまざまな場面に応用可能なことであり，その点では昔の方が良かったのかもしれない．手紙を書くという習慣に関していえば．

さらに，どこの研究室に遺伝資源，遺伝子があるかということを知らなければ，実験そのものが成立しない状況であった．そうした情報収集の場が，学会，研究会であったのかもしれない．このような点からも昔の学会の方が重みがあったのだと思うが，何かを入手する際には時間と手間がか

かり，効率が悪かった．

b. インターネットを介した**植物遺伝資源，遺伝子，ゲノム情報**

現在では，インターネットを利用することで，実験に使用したい植物遺伝資源，遺伝子，ゲノム情報などを入手することが可能な時代になった．著者が主として研究している「アブラナ科」，「イネ科」のさまざまな情報を集めたものを表3.10に記した．それ以外の植物種でもさまざまな遺伝資源，ゲノム情報のサイトが開設されている．

実際に研究を始める前に，論文だけでなく，さまざまな研究材料が世界的にみてどう扱われているかを知れば，自分の研究しようとすることがどのような位置にあり，その先に何を発展させられるのか，研究材料という面からもみることができる．いわゆるモデル植物でありゲノム情報があるのか，それともそうした情報がまったくないのか．つまり，遺伝学をベースとした実験をする場合に，ゲノム情報があるかないかということは大きな違いとなる．ただ，次世代シークエンサーの登場により，モデル植物でなくてもゲノムをある程度解析できる時代が遠からず来るであろうから，モデルであるかそうでないかということについてあまり気にする必要性はないのかもしれない．また，ゲノム情報を含めた情報は，論文という形になるまでに時間がかかりある種のタイムラグがあるが，サイトでの更新は迅速に行われているため，最先端の情報にふれることができる．そうした利点を活かした研究の方法も重要である（表3.10）．

また，ゲノム情報は現在でも十分すぎるほどweb上にあふれているが，それをどのサイトの解析ソフトを使って自分の得たい情報にするか，ということがポイントとなるであろう．さらに，ゲノム情報についていえば，今後，次世代・次々世代シークエンサーの登場により，さらに膨大となり，本当に知りたい情報にたどり着くことが困難になるかもしれないが，情報学，数学分野との連携を深化させることにより，机の前にいながらにして，必要な情報を手に入れて，実験，研究ができる時代もそれほど遠くないと考える．

なお，遺伝子組換えなどの学内手続きをする必要性がある場合，植物防疫にかかわるようなものもあるので，注意をされたい．また，入手したものを第三者に勝手に分譲しないという書類を取り交わす必要がある場合もある．書類を取り交わすまでもなく，分譲先との信頼関係をなくすようなことは慎むべきである．研究であれ，何であれ，信頼関係の構築は簡単ではないが，その関係が壊れることは一瞬の出来事になるからである．

では，実際にDDBJのサイトから，登録されている遺伝子のアクセッション番号をもとに，その遺伝子の情報を検索してみる．論文の中に見つけた番号として，「AB039754」というのがあったとする．そのときに，この番号を入力して検索すると，検索結果として，植物種 *Brassica rapa* の *SP11-21* についての遺伝子情報が出てくる．この遺伝子情報を誰が登録したのか，この遺伝子がどんな論文に掲載されているのか，その塩基配列，予想されるアミノ酸配列などを，情報として得ることができる（次々頁図3.40）．

c. 検索した植物遺伝資源，遺伝子，ゲノム情報の利活用

では，検索で得られた植物遺伝資源，遺伝子，ゲノム情報はどのように活用されるのであろうか．植物遺伝資源の場合，多くは種子となる．希少価値がある場合，分与される種子数は少なく，その限られた中で実験・研究をする必要がある．そのためには，その種子から，その発芽してできるであろう植物・作物をきちんと育て，その植物・作物からさらに次世代の種子を獲得する必要もある．こうなってくると，植物・作物を育てるための実験書なども必要となってくる[2,3]．もちろん，その植物・作物を育てたことがある諸先輩方の意見も十分に参考になることはいうまでもない．サイトによっては，種子の配布，栽培方法などもあわせて情報提供されていることも多いので，それらも参考にしてほしい．また，このようにして手に入れた材料については，論文を書くときに，どこからもらったものか明記すること，また入手先との共同研究という場合には共著となることを，忘

表 3.10 植物資源，植物遺伝資源，遺伝子，ゲノム情報検索時に役に立つ URL

サイト名称	URL アドレス	提供内容
ASRP Database	http://asrp.cgrb.oregonstate.edu/db/	シロイヌナズナの small RNA のデータベース
ATTED II	http://atted.jp/	シロイヌナズナの共発現解析サイト
BioPerl	http://www.bioperl.org/wiki/Main_Page	バイオ研究関係の Perl 集
Brachypodium.org	http://www.brachypodium.org/	*Brachypodium* の総合検索サイト
Brachy TAG	http://www.brachytag.org/	*Brachypodium* の総合検索サイト
Brassica Genome Gateway	http://brassica.bbsrc.ac.uk/	*Brassica* 属作物のゲノムプロジェクトとその関連情報
brassica.info	http://www.brassica.info/	*Brassica* 属作物のゲノムプロジェクトとその関連情報
BrGP（Brassica rapa Genome Project）	http://www.brassica-rapa.org/BRGP/index.jsp	*Brassica rapa* のゲノムプロジェクトとその関連情報
Cereal small RNAs Database	http://sundarlab.ucdavis.edu/smrnas/	イネ，トウモロコシの small RNA のデータベース
dCAPS Finder	http://helix.wustl.edu/dcaps/dcaps.html	dCAPS マーカー検索
DDBJ	http://www.ddbj.nig.ac.jp/Welcome-j.html	総合的な遺伝子登録，検索，解析サイト
Genescan	http://mobyle.pasteur.fr/cgi-bin/portal.py?form=genscan	ORF 予測
Genomic tRNA Database	http://lowelab.ucsc.edu/GtRNAdb/	さまざまな生物種の tRNA データベース
GRAMENE	http://www.gramene.org/	イネ，トウモロコシ，コムギ，オオムギ等の穀類遺伝学情報サイト
mfold	http://mobyle.pasteur.fr/cgi-bin/portal.py?form=mfold	RNA の二次構造検索ツールサイト
miRBase	http://www.mirbase.org/	miRNA の登録・検索データベース
NBRP-Oryzabase	http://www.shigen.nig.ac.jp/rice/oryzabase/top/top.jsp	イネ遺伝子，資源，文献関連情報検索サイト
NCBI	http://www.ncbi.nlm.nih.gov/	総合的な遺伝子登録，検索，解析サイト
ncRNA	http://www.ncrna.org/	non-codingRNA のデータベース・ツール集
NetGene2	http://www.cbs.dtu.dk/services/NetGene2/	ゲノム情報からスプライシングサイトの予測を行うサイト
Plant snoRNA Database	http://bioinf.scri.sari.ac.uk/cgi-bin/plant_snorna/home	植物の snoRNA のデータベース
PlantPromoterDB	http://ppdb.gene.nagoya-u.ac.jp/cgi-bin/index.cgi	シロイヌナズナ・イネの遺伝子における *cis* 配列の検索サイト
Primer3	http://frodo.wi.mit.edu/primer3/	PCR 用プライマーの設計支援ソフト
RAP-DB	http://rapdb.dna.affrc.go.jp/	イネ遺伝子名から塩基配列，アミノ酸配列，アノテーション等の検索
RGRC イネゲノムリソースセンター	http://www.rgrc.dna.affrc.go.jp/jp/about.html	農林水産省・イネゲノムリソースセンター提供の変異体，cDNA クローン分譲サイト
SALAD Database	http://salad.dna.affrc.go.jp/salad/	植物のタンパク質の比較解析サイト
TAIR	http://www.arabidopsis.org/index.jsp	シロイヌナズナ遺伝子，変異体関連サイト
T-DNA Express	http://signal.salk.edu/cgi-bin/tdnaexpress	シロイヌナズナ遺伝子マッピングツール関連サイト
The European Ribosomal RNA database	http://bioinformatics.psb.ugent.be/webtools/rRNA/	rRNA のデータベース
TIGR	http://rice.plantbiology.msu.edu/index.shtml	イネの総合データベース
Tos17 ミュータントパネル	http://tos.nias.affrc.go.jp/	内在トランスポゾン・Tos17 変異体情報サイト
イネ品種・特性データベース検索システム	http://ineweb.narcc.affrc.go.jp/index.html	イネ品種における育成経過，形態的特性，生態的特性，品質および食味特性のデータベース
ゲノム解析ツールリンク集	http://www-btls.jst.go.jp/cgi-bin/Tools/Link/link.cgi	JST のバイオインフォマティクス推進センター内のリンク集
生命科学系データベース	http://lifesciencedb.jp/dbsearch/	生命科学，農学における広領域の統合データベース
分子生物学研究ツール集	http://www.yk.rim.or.jp/~aisoai/molbio-j.html	研究用総合ツール・データベース集
理研バイオリソースセンター実験植物開発室	http://www.brc.riken.go.jp/lab/epd/QA/QA.shtml	シロイヌナズナの育成，培養細胞，遺伝子情報サイト

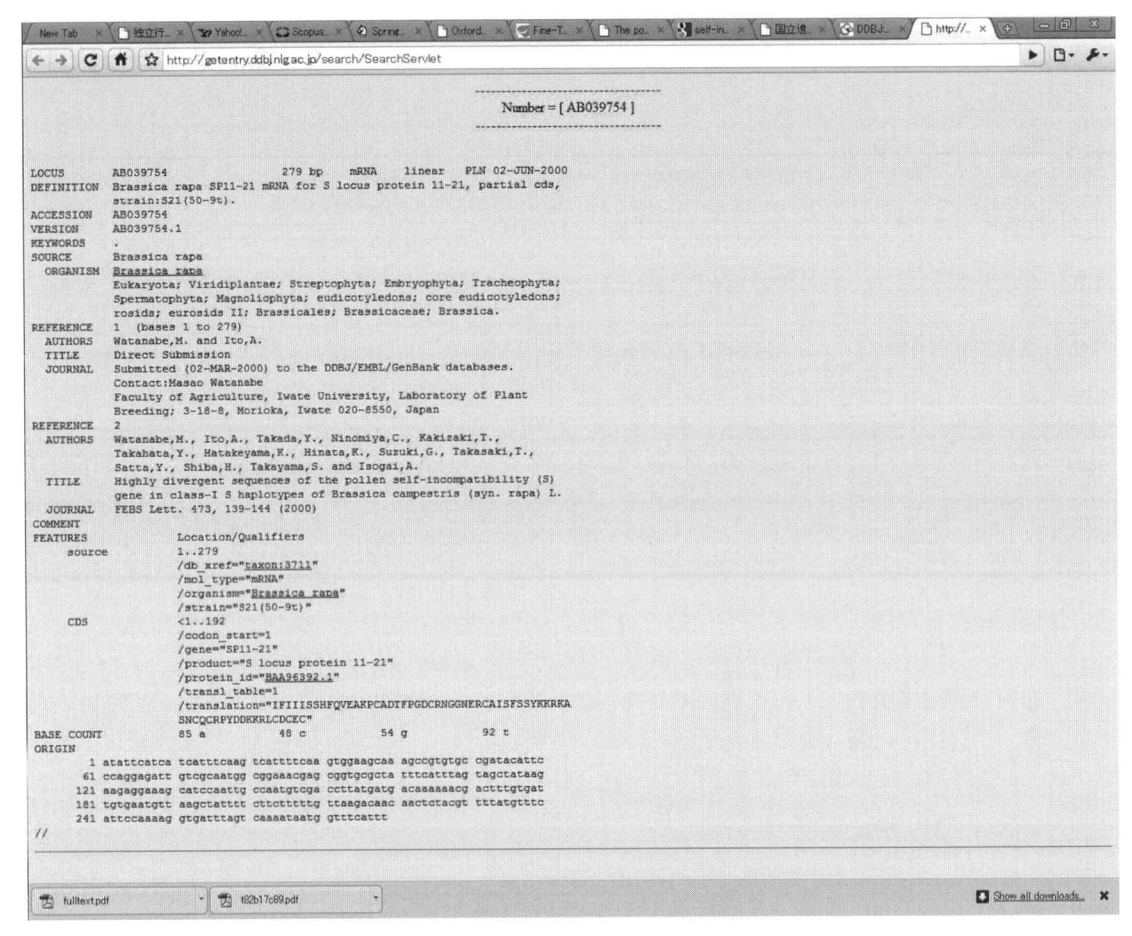

図 3.40 DDBJ による遺伝子情報検索結果の例

れないでいただきたい．

遺伝子，ゲノム情報はどう利用できるのであろうか．たとえば，現在研究している遺伝子と相同性がある遺伝子が他の植物・作物，あるいはその他の生物にも存在しているのか，その類縁関係はどうなっているのか，ということも，表 3.10 にある URL を利用することで明らかになる．また，その植物・作物の全遺伝子情報，ゲノム情報が明らかになっていれば，染色体上の位置などもわかり，その周辺にどのような遺伝子が並んでいるのかも理解できる．このような遺伝子情報を加工して利用した場合には，そのサイト名を記すとともに，その情報の元となっている論文を引用することが求められている場合もあるので，注意されたい．

3.5.3　実験技術探索と活用

実験技術といえば，昔はその研究室の秘伝のようなものがあり，研究室の先輩から実験ノート等をコピーさせてもらい，実際にその先輩と一緒に実験をすることで習得する技術があった．このような実験技術の伝授を変えたものが，実験プロトコール集の出版であろう．特に，分子生物学の実験については，この種の実験技術がないような研究室が多かった．その技術を支え，普遍化するものとして，『Molecular Cloning』という分厚いプロトコール集が出版，改訂されてきたのだが[4]，この本が英語であったことから，この本をベースとしたさまざまなプロトコール集が出版された[5〜7]．こうしてさまざまな和文のプロトコール集が出版されたことが，実験を身近にし，実験手

法が普遍化された要因の1つであろう．また，実験技術だけでなく，植物の栽培手法などについてもプロトコール集が出版されている[2,3]．

出版となると，時間的なラグが生じるが，Webページで公開されているものは，そうした時間的な問題はほぼ解消されている．プロトコール集以外にも，実験一般，ゲノム情報の収集，情報生物学のコンピュータ言語であったりとさまざまである（表3.11）．

今やこうした実験技術などがプロトコール集やHPにあふれるようになり，研究者にとっては便利になったといえる．ただ，昔からの格言に「百聞は一見にしかず」というのがある．本，Webページ上の情報からあれこれと推測して実験することも重要であるが，その道の専門家と共同研究を行うこともまた1つ別の手段であろう．その道の専門家は，まさにプロフェッショナルであり，その技術をみて習い，共同研究を行うことは，研究を新しい方向に発展させることも可能となるため，その重要性を理解していただきたい．

3.5.4 論文作成過程での情報探索とさまざまなツール

ここまで紹介した論文情報，実験材料，実験方法を統合して，各自のアイディアで実験，研究が開始できる．問題が生じたときの解決法であったり，次の実験を行うための新しい実験のためには，ここまで紹介してきた手法を繰り返し行えばよい．そのときに，一緒に実験をしてくれている研究者，指導者と議論も大切である．初めて研究を開始した学生，大学院生には，どこまでを実験の区切りとすればよいかの判断は難しいと思われる．そのときこそ，諸先輩との議論をすべきであろう．

では，次のステップとは何になるのかというと，学会発表，論文執筆である．著者が学生の頃は学会発表でさえ敷居が高く，この研究内容でいかに

表3.11 実験技術情報検索時に役に立つURL

サイト名称	URLアドレス	提供内容
BioPerl	http://www.bioperl.org/wiki/Main_Page	バイオ研究関係のPerl集
Botany WEB	http://www.biol.tsukuba.ac.jp/~algae/BotanyWEB/	植物の形態，生理，生態，進化，分類の日本語サイト
Jabion —日本語バイオポータルサイト—	http://www.bioportal.jp/ja/BioTerm/	生物学専門用語検索・解説
KEYENCE Japan マイクロスコープ・顕微鏡	http://www.keyence.co.jp/microscope/	顕微鏡の基本知識
NBRP-Oryzabase	http://www.shigen.nig.ac.jp/rice/oryzabase/top/top.jsp	イネ遺伝子，資源，文献関連情報検索サイト
TIGR	http://rice.plantbiology.msu.edu/index.shtml	イネの総合データベース
ゲノム解析ツールリンク集	http://www-btls.jst.go.jp/cgi-bin/Tools/Link/link.cgi	JSTのバイオインフォマティクス推進センター内のリンク集
生命科学系データベース	http://lifesciencedb.jp/dbsearch/	生命科学，農学における広領域の統合データベース
福岡教育大・植物形態学サイト	http://www.fukuoka-edu.ac.jp/~fukuhara/keitai/	植物の形態学関連サイト
分子生物学研究ツール集	http://www.yk.rim.or.jp/~aisoai/molbio-j.html	研究用総合ツール・データベース集
北海道大・農・分生研プロトコール集	http://arabi4.agr.hokudai.ac.jp/Arabi.html	シロイヌナズナの実験プロトコール関連サイト
三重大・実験プロトコール	http://www.gene.mie-u.ac.jp/Protocol/Original/Original-Top.html	分子生物学実験の基本プロトコールサイト
理研バイオリソースセンター実験植物開発室	http://www.brc.riken.go.jp/lab/epd/QA/QA.shtml	シロイヌナズナの育成，培養細胞，遺伝子情報サイト

意味のある発表ができるか指導教員を説得するのがたいへんであったことをおぼえている．現在では国内学会も国際学会も数が増えたことから発表の機会は多くなったが，大学院生時代に多くの経験を積むことができるのは，そのあとの（研究者）人生にとってかけがえのない経験となるであろう．国際学会での発表となると，プレゼンテーション，ポスターは英語で作成する．昔であれば，過去の論文や関連論文の類似した表現を改変するというくらいしかなかった．現在では，辞典，翻訳などの機能もWeb上で利用可能になりつつある（表3.12）．むろん，適切な英語表現であるか確かめるには，最終的にnative speakerの人に英文校閲を依頼する必要はある．

共同研究を行う場合，電子ファイル化されている情報ならば，e-mailに添付して送り，お互いに同じファイルを見ながら電話で議論ができる時代になった．ただし，添付ファイルとして送る場合にはファイルサイズなどに制限が設けられる場合がある（送り手，受け手双方のマシン環境による）ので，特定のサーバ上にuploadしてそれを相手方でdownloadしてもらうようなサービスを利用してもよい．そうしたものを利用することで，より簡便にデータ交換ができ，共同研究の高速化を図ることも可能となる（表3.12）．

上述のように，文献の活用として重要なことは，最終的には論文作成に活かすことである．最初のステップでもある卒論を書こうとする場合，まず，卒論とはいかなるものかを理解して，引用文献には，何を引用すればよいかを理解する必要がある．一方で，投稿論文を作成する場合には，雑誌によって，引用できる論文数が制限されている場合もあれば，上限をあまり気にする必要がないような場合もある．

また，遺伝的な実験の場合には，実験材料を分譲されたようなときにはその来歴を示すような論文などを明記する必要性がある．論文作成時に検索文献が重要になるのは，議論（Discussion），緒言（Introduction）の項目であろう．先行実験と対照して何が明らかにされたのか，その実験と明確に異なる点，同じである点など，さまざまな観点から議論する必要がある．さらに，緒言ではなぜこのような研究に至ったかを，面白さと論理性をもち，先へ先へと読んでもらえるような流れを作ることが重要となる．こうした論文作成における一連の流れの中で，検索した論文をどの部分で引用するかは，ある程度，多数の論文作成に携わらないとわからない部分がある．そこで，できるだけ若い時代に多くの論文作成にかかわることが，その後の研究者人生における鍵となる．もち

表3.12 論文作成，その後の研究者生活時に役に立つURLの例

サイト名称	URLアドレス	提供内容
Infoseek マルチ翻訳	http://translation.infoseek.co.jp/	論文など英作文時の文章校閲に使用
Infoseek マルチ辞書	http://dictionary.infoseek.co.jp/	一般用語の辞書として使用
JREC-IN	http://jrecin.jst.go.jp/seek/SeekTop	公募情報など
Wikipedia	http://en.wikipedia.org/wiki/Main_Page	一般用語など広範囲の事例検索に使用
英辞郎 on the web	http://www.alc.co.jp/	英和・和英辞書
エキサイト翻訳	http://www.excite.co.jp/world/english/	翻訳サイト
研究留学ネット	http://www.kenkyuu.net/index.html	留学情報収集
フリーフォント最前線	http://www.akibatec.net/freefont/	フリーフォント検索ページ
ライフサイエンス辞書プロジェクト	http://lsd.pharm.kyoto-u.ac.jp/ja/index.html	専門用語などの辞書，用例検索に使用
宅ふぁいる便	http://www.filesend.to/	大きな容量のファイル送信時に使用
北大植物園	http://www.hokudai.ac.jp/fsc/bg/index.html	植物名検索
満タンWEB	http://www.dex.ne.jp/mantan/	HPの素材ダウンロードページ

ろん，はじめから完全なものができるわけでないことから，自らの師，先輩方からの示唆が何を一般論として指導されているかを理解してほしい．そのことが理解されれば，よりよい論文になっていくであろう．

論文を書く，投稿する，審査を受ける，再投稿する，採択されて掲載される，という一連の作業を行うことで，論文を書くためのひと通りのことを学習できるが，1つの論文を書いたからといって，論文作成について十分な理解ができているわけではない．これは，筆者の感覚かもしれないが，10報くらいの論文を扱って初めて，論文というものはこんなふうに書くのだなと何となくわかったような気がする．できるだけ早く，多くの論文を扱うことができれば，論文を書くための「ノウハウ」のようなものを会得できるように思っている．ぜひ，実行してもらいたい．さらに，実際に論文を投稿するとなれば，その論文をアピールした「カバーレター（Cover letter）」と呼ばれる編集委員長あての手紙を書くことが重要である．また，審査を受けた後，審査員からのコメント，意見に対してどのような対応をしたのかという「Comments to reviewers」という文面も必要となる．さらに，最終的に採択，掲載となったとき，出版社との出版にかかわるさまざまなやりとりも必要である．このとき，英語論文となれば，これら一連の作業はすべて英語でのやりとりとなり，英語力の充実がここでも重要となる．これらの論文投稿などについては，さまざまな図書があることから，それらを参考にしてほしい[8]．

また，実験が終わって，それを学会発表レベルでとどめることなく，査読のある論文として発表することの重要度が年々，増している．論文が研究のすべてというわけではないが，現実の評価などにおける論文が占める大きさを考えて，論文を書いて研究を終了させるという習慣をつけてほしい．つまり，実験から得られた結果は最終的に論文として発表することで完結する．実験結果の質は論文の質に影響し，掲載される雑誌のレベルに反映される．雑誌には，各学問分野（遺伝学，生理学，細胞生物学等）に限定したものと，一般的なサイエンス全般をまとめた包括的なものがあり，一般的にいうと後者の雑誌の評価・レベルが高いとされている．これは，実験結果が特定の専門分野に特化したものであるのか，それともサイエンス全体に影響する可能性が高い学際的なものなのかということが，そのゆえんである．レベルの高い雑誌に論文を掲載することで，自身の研究レベルを確認することができる．そのため，さまざまな雑誌の論文を読んで「レベルの高い研究とは何か？」をつかむことが大切である．

このようなことを理解したうえで，より多くの論文，より質の高い論文を執筆することを目指してほしい．論文の「量」，「質」ということについては，後述してあるので，その項目を参考にしてほしい．

3.5.5 その他の情報探索とさまざまなツール

投稿論文とは少し趣を異にするが，「学位論文」つまり，「博士論文」を書き，無事審査に合格すれば，博士号を取得できる．そのあと重要になってくることは，博士研究員としてキャリアをどこでどのように研鑽し，それをもとにパーマネントのポジションを獲得するかということになる．そのときにも論文を書く作業は重要であるが，ポジションを獲得するためには，公募情報や留学に関するサイトに常に目を向けておくべきであろう．また，研究室HPの更新を担当したり，研究室を立ち上げるときにはHPを新規に作成することもあるであろう．そうしたときに役立つようなサイトも複数ある（表3.12）．同様に，研究室の立ち上げ，留学などについては多くの著書があるので，あわせて参考にしていただきたい[9,10]．

最近の傾向として，論文には評価が付きものになってきた．どんな雑誌に掲載されたのか（雑誌の評価），また，その論文はどれくらい引用されているのか（被引用数）という点である．雑誌の評価を表す数値として，よく使われる数値が，「インパクトファクター（impact factor：IF）」である．トムソン・ロイター（Thomson Reuters）

社の *Journal Citation Reports* に収録されている論文において，評価年の過去2年間でその雑誌の掲載論文が引用された回数（被引用数）を掲載された総論文数で割った値として計算される．論文が評価される期間が2年では短いということから，最近では，評価年の過去5年間という「5年 IF」という数値も評価に用いられつつある．この IF の派生系として，論文の引用数に加重をして評価する「Eigenfactor」が用いられることもある．ただし，IF のように簡単に計算できるものではないことから，あまり一般的になっていないが，それぞれの場面に応じて，どのような評価がよいのか判断して用いることであろう[11〜13]．先にも書いたとおり，IF，5年 IF というのは，論文が掲載されている学術雑誌の評価指標であって，研究者個人，所属機関の評価に使用することは，指標使用の誤用であることを認識いただきたい．

では，個人の書いた論文の評価というのは，その「質」，「量」という側面をどのように評価すればよいのであろうか．IF という数値があまりに大きく扱われたこともあり，個人評価の指標はこれまでさほど表に出てこなかった．論文の「質」は，その論文がどれだけ引用されているかという「総被引用数」になるだろう．また，「量」は，「総論文数」となる．この「質」，「量」を加味した形で，評価できる指標として，h-index（h 指数＝highly cited index 高被引用指数）がある．定義としては，「研究者 A が発表した論文に対して，被引用数が x 回以上ある論文が，x 報以上あるとき，この研究者 A の h-index を x と呼ぶ」である[11〜13]．実際に，研究者 B の例をまとめたものが表3.13となる．この研究者 B の h-index は「28」ということになる（表3.14）．論文の被引用数は，上記の ISI Web of Knowledge, SCOPUS, Google Scholar beta などで簡単に求めることができるという点での簡便さはある．しかしながら，研究者としての活動期間を加味していない，異なる研究分野間の比較が困難，h-index が同じでも論文の質・量が同じとはいえない，などの問題点をさまざまな側面から考慮し，改良した指標

表3.13 研究者 B の論文発表実績とそれぞれの計算値

論文順位	被引用数	(論文順位)^2	被引用数積算	論文順位*	被引用数	(論文順位)^2	被引用数積算
1	264	1	264	26	28	676	1947
2	228	4	492	27	28	729	1975
3	183	9	675	28	28	784	2003
4	171	16	846	29	27	841	2030
5	91	25	937	30	26	900	2056
6	83	36	1020	31	26	961	2082
7	83	49	1103	32	25	1024	2107
8	76	64	1179	33	24	1089	2131
9	65	81	1244	34	22	1156	2153
10	60	100	1304	35	22	1225	2175
11	57	121	1361	36	20	1296	2195
12	52	144	1413	37	20	1369	2215
13	52	169	1465	38	20	1444	2235
14	51	196	1516	39	20	1521	2255
15	48	225	1564	40	19	1600	2274
16	45	256	1609	41	19	1681	2293
17	42	289	1651	42	18	1764	2311
18	42	324	1693	43	17	1849	2328
19	40	361	1733	44	17	1936	2345
20	35	400	1768	45	17	2025	2362
21	33	441	1801	46	16	2116	2378
22	30	484	1831	47	16	2209	2394
23	30	529	1861	48	16	2304	2410
24	30	576	1891	49	16	2401	2426
25	28	625	1919	50	15	2500	2441

*：発表論文を被引用数の多い方から並べた順位．

表3.14 研究者Bの各指標例とその算出方法

指標名	研究者Bの計算例	算出方法
h-index	28	被引用数の多い方から並べた順位が被引用数を超えない最大の値(順位)
g-index	49	被引用数の多い方から並べた順位の2乗がその順位までの被引用積算数を超えない最大の値(順位)
hg-index	37.04	(h-index)×(g-index)の平方根
A-index	71.54	h-index の順位での論文における被引用数の総和を h-index で割り算した値
R-index	44.76	(A-index)×(h-index)の平方根

(g-index, hg-index, A-index, R-index 等) が提案されている[11〜13]．では，そうした新しい指標はどのように計算するのであろうか．g-index は，「研究者Aが発表した論文に対して，被引用数が多い順番に並べ，被引用数の順位の2乗とその順位までの被引用数積算数を比較する．その2乗が積算数を超えない最大の順位の数値をもって，この研究者Aの g-index と呼ぶ．」つまり，研究者Bのデータを当てはめると，g-index = 49 となる．被引用数の多い論文の数に価値をおいた評価をしていることになる．それに対して，hg-index は，その両者のindex の平均的数値を算出するために，先に求めた h-index と g-index の数値をかけ算し，その平方根をとった数値を用いる．つまり，hg-index = $\sqrt{(28 \times 29)}$ = 37.04 となる．A-index は，h-index の値になるまでの論文被引用数の合計を h-index の数字で割り算した値で得られる．A-index = 2003/28 = 71.54 となる．この指標の特徴は被引用数の多さを重視した指標といえる．R-index は，h-index と A-index の平均的数値を算出するために，先に求めた h-index と A-index の数値をかけ算し，その平方根をとることで得られる．つまり，R-index = $\sqrt{(28 \times 71.5)}$ = 44.76 となる．この一連の研究者Bに対する指標を算出し，まとめたものが表3.14 となる．どの指標を使うかで大きく数値が違うことを実感していただきたい．改良型の指標ほど，複雑な計算が必要になるが，それぞれの利点を理解したうえで，使っていただくのがよいと思う．今後も，こうした評価につながるような指標はさまざまに改良され，派生系が生み出されてくるだろうが，数値に振り回されないで，より質の高い論文をより多く書く努力をすることが，個人として行うべきことであろう．

3.5.6 おわりに

最初に書いたように，「情報」というのは単に研究をすることにおいては重要ではない．しかし，いつの世でもいかに新しく，正しい情報を迅速に獲得するかが，さまざまな場面の帰趨を決定してきたことは歴史が示している．ここに記したような観点で，研究，論文作成，ポジション獲得など多くの場面で最新情報を利活用していただければ，幸いである．この本を書いているときと，読者に読まれる時点ですでにタイムラグがあり，古くなっている情報もある．しかしながら，より正しく，新しい情報を獲得することを心がけておけば，大きな問題ではないのかもしれない．その意味で，著者の師からいただいた2つの言葉があるので，それを最後に記しておく．1つは，「最新の情報は忙しい人から聞くのがよい」と．多忙な人を捕まえることは難しいと思われるかもしれないが，多忙な人ほどさまざまな人と接し，現在進行形の情報を得ていることが多く，この言葉はじつに重みがあると思ってこれまで生活してきた．何も忙しい人を訪ねて話を聞けということではない．学会などで出かけたときに，そうした方々とお話をするのがよい．2つ目は，「餅は餅屋」．どんな分野にも専門家がいる．特に，オーソリティーと呼ばれるような博学な方が．そうした方々の専門知識は，好きでちょっと始めた知識よりも深く，真実，その裏側に隠されている重要なことであったりする．自分一人で情報をカバーしようと思わないで，相互連携をしてみれば，研究だけでなく，いろいろなことの幅が広がり，見えないものが見えてくることが期待できる．読者の方々も，この2点を気にとめておくのがよいかもしれない．何よりこの部分を読んでいただき，良い論文，良い研究，そして，良いポジション獲得につながれば，

幸甚である．

　このように最新の情報のすばらしさ，重要さを記述してきたが，最後に，古い本棚に隠されている重要な情報について記しておく．最近の雑誌，書籍はカラーで書かれてあり，見やすく，情報量も豊富である．では，古い本，それも1900年代の前半のような本はどうなのだろう．ここに1冊の本の写しがある．『高等植物生殖生理学（開花及び結実の理論と実験）』，1944年に安田貞雄博士によって記されている，植物生殖分野の先駆けともいえるような書物である[14]．出版から60年以上たっているが，とてもそんなにも古いとは言い難く，また，写真は多少あるものの，多くは手書きによる模写である．模写は，その特徴がより強調されることもあり，わかりやすく，まさに名著であると感じる．ほかにもこうした古い名著が多数埋もれていることが，想像できるであろう．特に，形態学，博物学，分類学という領域に近い分野においては，古典的な資料の価値は現代にこそ大きいのではないかと感じる．「故きを温めて新しきを知る」とは，このことではないかと思う．古い本というだけで見下すことなく，その中にある重要なポイントを見つける目をもつことが，何より重要なのかもしれない．その意味で，読者が所属している図書館の古い本棚を隅から隅まで眺めてみれば，これはという研究のヒントに出会え，今の研究装置と融合することで，新しい領域を開拓することもできるのではないかと感じている今日この頃である．

　膨大な情報から必要なものを選択し，一見関係

●コラム●　**インパクトファクターの波紋**

　インパクトファクター（impact factor：IF）は，自然科学・社会科学分野の学術雑誌を対象として，その雑誌の学問分野における影響度を測る1つの指標（メルクマール）です．この指標は，1955年，ユージン・ガーフィールド（Eugene Garfield）氏が考案したもので，現在は毎年トムソン・ロイター社（旧ISI）の引用文献データベース「Web of Science」に収録されるデータをもとに算出されています．対象となる雑誌は自然科学5900誌および社会科学1700誌とされており，IF値は *Journal Citation Reports*（JCR）のデータの1つとして収録されています．

　研究者や研究機関および科学雑誌を評価する目的で，このIF値が過大に評価される例も多々みられますが，あくまでもWeb of Scienceに収録された特定のジャーナルの「当該論文の平均的被引用回数」にすぎないことを再確認すべきでしょう．

　しかし，自分が執筆して科学雑誌に掲載された論文をより多くの研究者に読んでもらいたい気持ちはどの研究者でも一緒ですから，同じ研究分野の雑誌を相互に比較し，よりIF値の高い雑誌への投稿を目指すことには大きな意義があります．最近の大学教員採用の人事選考審査会でも，候補者の執筆論文のIF値をそれぞれ調べ，全論文に対する合計IF値や平均IF値を出して，候補者どうしを相互比較する場合もあると聞きます．同じ分野の候補者どうしを相互比較するのですから，投稿雑誌も比較的同じであることを前提にしているのでしょうが，本来のIF値の使われ方を考えますと，間違って使用されている場合もあるようです．

　もともとのIF値は，トムソン社がWeb of Scienceに収録する雑誌を選定する際の社内指標として開発され，図書館の雑誌選定や研究者の論文投稿先の決定，出版社の編集方針を決める際の指標であったからです．IF値を参考にしつつ，IF値がすべてではないことを，もう一度確認しましょう！

〔齋藤忠夫〕

なさそうに見えることを連結することが新しい物事—ここでは科学と呼ぶのかもしれないが—を発展させることになるのであろう．この発展の背後にある情報と情報をつなぐことと同じくらい重要な，人と人とのつながりを忘れないようにすれば，見つけ出した情報は，今までにない光を見せてくれると確信しつつ，ここに筆を置くことにする．

〔渡辺正夫〕

謝　辞

本原稿を書き上げるために，普段から利用しているインターネットの情報サイトについて示唆いただき，また草稿を読んでいただいた東北大学大学院生命科学研究科 植物生殖遺伝分野のメンバー一同に，この場を借りてお礼申し上げる．また，本原稿について査読・コメントをいただいた，共同研究者である大阪教育大学・鈴木剛准教授，三重大学・諏訪部圭太准教授に感謝したい．何より，こうしたコンセプトで研究を行うことの重要性を大学生〜大学院生〜助手時代にご指導いただいた，東北大学・日向康吉名誉教授に感謝申し上げる．こうした皆様からのご支援のおかげで本項ができあがっていることをここに記しておく．感謝．

引 用 文 献

1) 堺屋太一（2004）：歴史からの発想—停滞と拘束からいかに脱するか—，日本経済新聞出版社，247p.
2) 常脇恒一郎（1982）：植物遺伝学実験法，共立出版，464p.
3) 島本　功・岡田清孝（1996）：モデル植物の実験プロトコール，秀潤社，251p.
4) Sambrook, J., Fritsch, E. F. and Maniatis, T. M. (1989)：*Molecular Cloning*（Second edition），Cold Spring Harbor Laboratory Press.
5) 藤渕　航・堀本勝久（2008）：マイクロアレイデータ統計解析プロトコール，羊土社，254p.
6) 福井希一・向井康比己・谷口研至：クロモゾーム植物染色体研究の方法，養賢堂，274p.
7) 豊沢　聡（2003）：Perlはじめの一歩，カットシステム，199p.
8) 逢坂　昭・坂口玄二：科学者のための英文手紙文例集，講談社，234p.
9) Beynon, R. J. (1998)：科学研究ガイド，化学同人，216p.
10) 柳田充弘（1998）：生命科学者になるための10か条，羊土社，236p.
11) 孫媛（2007）：情報の科学と技術，**57**：372-377.
12) 佐藤　翔（2009）：薬学図書館，**54**：121-132.
13) 清水毅志（2009）：情報管理，**52**：464-473.
14) 安田貞雄（1944）：高等植物生殖生理学（開花及び結実の理論と実験），養賢堂，574p.

3.6　微生物学分野の文献調査法

微生物学関係の研究分野は，医学，農学，生物学，生物工学，発酵醸造学，分子生物学，生態学，環境学など多岐にわたっており，対象とする生物も，原核生物（真性細菌，アーキア），一部の真核生物（酵母，カビ，原生動物），ウイルス（生物学上「非生物」だが，便宜的に含めた）と範囲が広いのが特徴である．また，生命現象に関する情報だけでなく，それに付随している法的な情報（遺伝子組換えに関する法律など）を入手する必要に迫られる場合も多い．

一般的に，学術情報を調査する時点ですでに興味の対象（キーワード）が決まっていることが多く，この場合はインターネットのWebを利用した文献データベース検索が最適である．一方，特定のキーワードが決まっていない場合は「文献ブラウズ」が有効であり，以下にこの2点を中心に説明する．

3.6.1　Webを利用した文献データベース検索
a.　PubMedおよびPubMed Central

Web上で公開されている文献データベースの中で最も普及しているのは無料データベースのPubMed[1]あるいはPubMed Central[2]である．PubMedは名称の由来が示すように元来は医学・薬学専門の文献データベースであったが，現在では農学や生態学などを含めた広範囲な生命科学分野文献データベースとして日々データが拡充して

おり，微生物学分野の文献情報は内容にかかわらずほぼ入手可能である．したがって，一般的な文献調査であればPubMedを利用するだけで十分であり，いろいろな文献データベースを利用するよりは，PubMedの機能を十分に使いこなす方が重要であろう．たとえば便利な機能として，検索式を保存してアラート機能をonにすると定期的（週1回などの設定）に登録したe-mailアドレスへ検索結果が送られてくる機能などがある．ただし，PubMedは書誌情報とアブストラクトを収録した二次データベースであり，ここで見つけた論文の全文を読むためには，リンクをたどってそれぞれのジャーナルのサイトに移動して文献データを入手する必要がある．その場合，ジャーナルの会員か否か（個人会員あるいは図書館としての法人会員）によって得られる情報の内容に制限が設けられている場合があるので，注意してほしい．

PubMedの基本的な使い方については本書2.3.2において紹介されているが，本項では具体的に微生物学分野の文献について検索した例をみてみよう．図3.41に，キーワードを「Myxococcus」としてPubMedで検索した結果を示す．表示される結果はタイトルと書誌情報のみであり，タイトルをクリックすることでアブストラクトを読むことができるが，全文を読むことはできない．ただし，大学の図書館などから検索した場合（ライセンス有），アブストラクトの横に出版社が提供する全文テキストへのリンクが設定されており，データを入手することができる．

一方，PubMed CentralはPubMedと違って一次データベースとしての機能をもち，タイトル，書誌情報に加えてアブストラクト，フリー公開済みの全文テキストとPDFを無料で入手できる．また検索条件を変えることで，その時点ではフリー公開されていないが将来的に全文フリー公開予定の論文の検索も可能である．アブストラクトを表示させた際に右の欄に示される参考文献についても，クリックすることで全文テキストの入手が可能である．

図3.42に，キーワードを「Myxococcus」としてPubMed Centralで検索した結果を示す．表示される情報はタイトルと書誌情報のほかに［abstract］［Full Text］［PDF］があり，これらをクリックすることで全文を無料で読むことが可能である．図3.43はアブストラクト表示にした場合で，右の欄に表示された参考文献をクリックすることでフルテキストが入手できる．

PubMedやPubMed Centralの使用法については，数多くの日本語の解説書が冊子体，Web体[3,4]で提供されており，また前述のとおり本書においても他章で詳細に説明されているので，あまり深入りせずにここまでにとどめる．

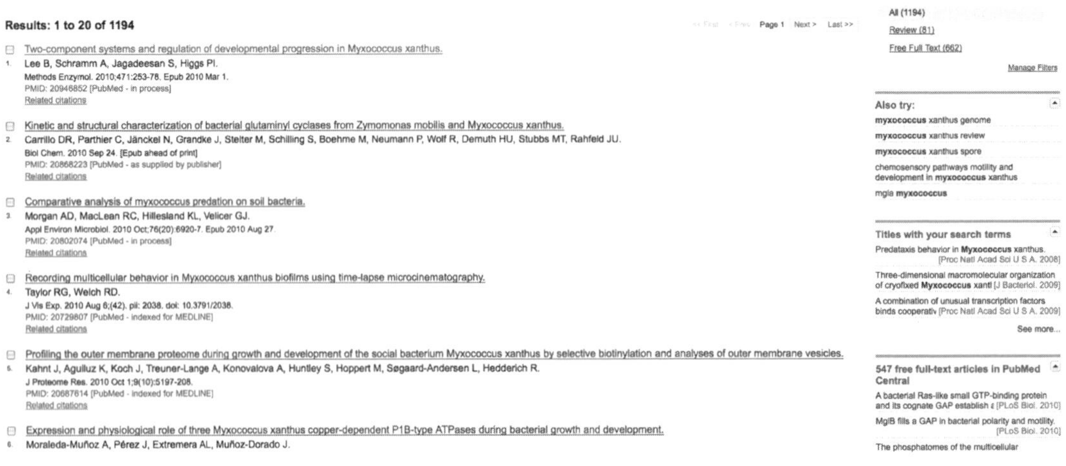

図3.41 PubMedでキーワード「Myxococcus」として検索した結果

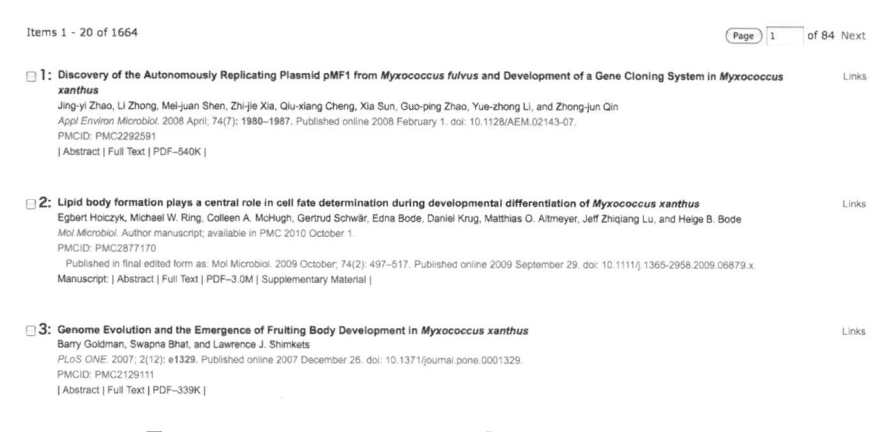

図 3.42　PubMed Central でキーワード「Myxococcus」として検索した結果

図 3.43　図 3.42 で表示された一番上の論文のアブストラクト

b. CiNii

CiNii（サイニィ）（http://ci.nii.ac.jp/）は国立情報学研究所が管理運営している文献データベースであり，①国内の学協会が発行している学術雑誌に掲載されている論文や学会の講演要旨，②国内の大学等が刊行している紀要に掲載されている論文や情報，③各大学の機関リポジトリ，などが収録されており，検索と結果の一覧表示は無料で行うことができる．しかしフルテキストなどのより詳しい情報を得るためには一部有料サービスが必要である．

次頁図 3.44 に，キーワードを「Myxococcus」としてCiNiiで検索した結果を示す．それぞれのタイトルをクリックすると，詳細情報（無料，有料）を入手することができる．

c. 科学研究費補助金データベース（KAKEN）

このデータベース（http://kaken.nii.ac.jp/）は文部科学省および日本学術振興会が交付する科学研究費補助金により行われた研究の採択課題と研究実績報告，研究成果概要を収録しており，これまでの研究成果のみならず，これからの研究動向に関する情報が無料で入手できる．

次頁図 3.45 に，キーワードを「Myxococcus」として KAKEN で検索した結果を示す．

図 3.44　CiNii でキーワード「Myxococcus」として検索した結果

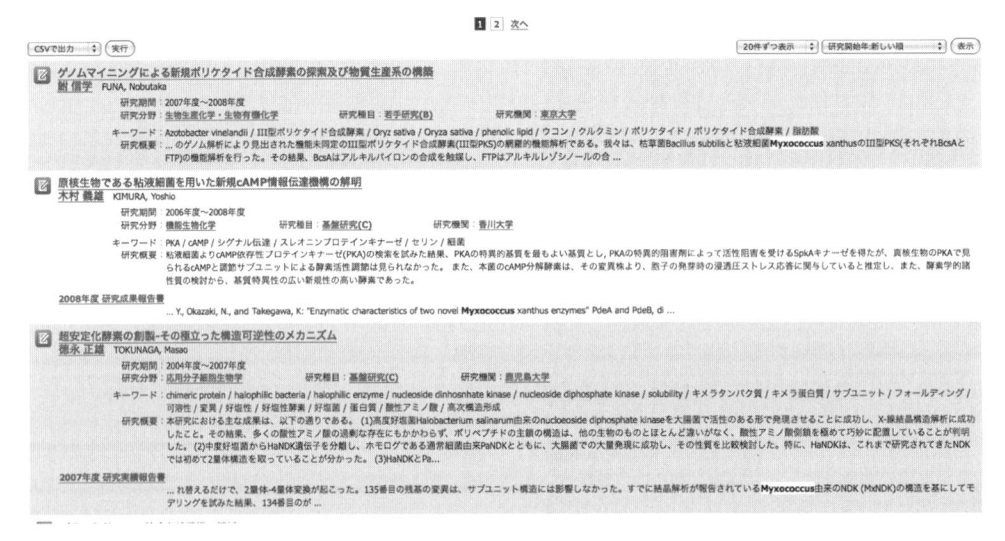

図 3.45　KAKEN でキーワード「Myxococcus」として検索した結果

3.6.2　興味の対象（キーワード）が決まっていない場合（文献ブラウズ）

　微生物に関する興味はあるものの具体的な興味の対象が決まっていない場合，あるいは広く微生物に関する情報を得たい場合は，「文献ブラウズ」（journal brows）が適している．ブラウズ（brows）とは日本語辞書によると「印刷物を漫然と読む，拾い読みする，ざっと読む」の意味であり，新聞に目を通す習慣に似ている．ブラウズによって予期しなかった内容を見つけたり，興味深いデータに出会ったりと，意外な発見をすることが多い．文献ブラウズを行う場合は，行き当たりばったりで行わず，月1回など定期的に行うことが望ましい．

a.　教員や先輩の蔵書を活用

　研究室の教員や先輩方の多くは，関連分野の学術団体（学会）に所属しており，それらの学会では投稿論文を掲載している英文誌とは別に，最新の話題や総説を専門外の人でもわかりやすいように紹介した和文誌を発行しており，定期的に会員

に届けられている．微生物学分野の学会を例にすると，日本農芸化学会の『化学と生物』，日本生物工学会の『生物工学会誌』，日本微生物生態学会の『日本微生物生態学会誌』，日本生化学会の『生化学』などがこれに相当する．これらの和文誌をブラウズすることで微生物に関する「偶然の出会いや驚きの発見」を経験する場合がある．これをきっかけとして，関連項目（キーワードや著者名など）を検索することにより，さらに詳しい情報を得ることが可能である．また和文誌の中には同じ学会が発行している英文誌の内容情報を掲載している場合もある．たとえば『生物工学会誌』には英文誌（*Journal of Bioscience and Bioengineering*）の文献タイトルが，『生化学』には英文誌（*Journal of Biochemistry*）の和文ダイジェストが掲載されており便利である．

b. 書店を利用

街の大型書店や大学生協の書籍部には科学専門雑誌が数多く陳列されている．この中で，微生物学分野の話題を提供している定期和文雑誌として，『実験医学』，『細胞工学』，『Natureダイジェスト』，『細胞』，『現代化学』，『化学』，『日経サイエンス』，『Newton』などがある．これらを毎回購入するのは費用の面から難しいが，陳列されている雑誌の表紙タイトルを眺める（ブラウズ）のは無料である．興味があるタイトルを見つけた場合は，ぜひその雑誌を購入して読んでほしい．立ち読みはマナー違反なので慎むべきである．なお，最近では未購入の書籍を持ち込んで内容をじっくり検討できるカフェを併設した書店や大学生協（東北大学生協工学部店など）が増えているので，積極的に利用するべきである．

c. 図書館を利用

最も一般的な文献ブラウズは，所属する大学や研究機関などの図書館を利用する方法である．図書館では，多数の微生物関係の雑誌を冊子体で購入しており，またバックナンバーもきちんと保存されていることから「冊子体ブラウズ」には最適な環境にあると言えよう．ただし最近では冊子体での購入を取りやめて電子ジャーナルに切り替える図書館も増えつつあり，今後はインターネットを利用した「電子情報ブラウズ」が主流になると予想される．

d. インターネット（Web）を利用した電子情報ブラウズ

インターネットを利用した「電子情報ブラウズ」は年々普及が進んでいるが，一般的に画面に表示される情報はタイトル，書誌情報（著者名，冊子体名や掲載ページ）であり，さらに詳細な内容を読むためには［abstract］や［Full Text］や［PDF］のコマンドを指定するなどの積極的な操作が必要である．したがって，「冊子体ブラウズ」で経験するようなデータやサブタイトルとの「偶然の出会いや発見」の機会は少なくなるものの，利便性や雑誌の多様性のうえでそれを上回るメリットを享受することができる．ただし，講読ライセンスの有無によって使い勝手が大きく違ってくる．たとえば，アメリカ微生物学会（ASM）が発行している微生物雑誌 *Journal of Bacteriology* や *Applied and Environmental Microbiology* などでは，ライセンスをもった個人や大学内などで使用する場合は最新号（current issue）から閲覧可能なのに対し，ライセンスなしの場合は一定期間が経過したバックナンバーのみしか閲覧することができない．なお，ASMでは会員サービスとして，ASMジャーナルだけでなく，広範なジャーナルをカバーしたアラートサービス（前項a.で紹介したPubMedのアラートサービスと類似）を提供している．インターネットを利用した文献の探し方については次項も参照されたい．

3.6.3 微生物関係情報検索に便利なサイト，ツールの紹介

a. 統合データベース

微生物学分野に限らず，これまでさまざまな大学・研究機関・団体に散在していた種々の生命科学系データベースや文献データベースなどの入り口を一本化して利用者が使いやすいように整備する目的で，文部科学省委託研究開発事業「統合データベースプロジェクト」が実施され，その成

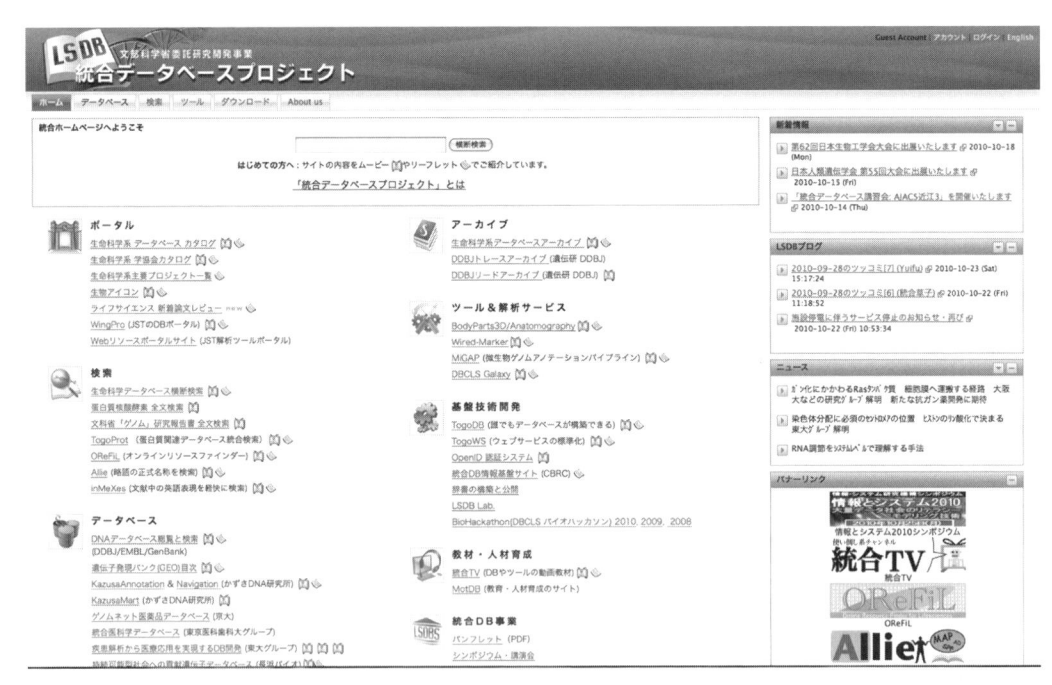

図 3.46 統合データベースプロジェクトのフロントページ

果として「統合ホームページ -LSDB」（http://lifesciencedb.jp/）が公開されている．現在，本サイトは文部科学省主管の「大学共同利用機関法人ライフサイエンス統合データベースセンター（DBCSL）」が管理運営しており，さまざまなサービスを無償で提供している．

図 3.46 に，統合データベースプロジェクトのフロントページを示す．2010 年 10 月末時点でのカテゴリは以下の通りである；
｜ポータル｜検索｜データベース｜アーカイブ｜ツール＆解析サービス｜基盤技術開発｜教材・人材育成｜統合 DB 事業｜連携｜

本プロジェクトの際だった特徴は，各種サービスの利用法を動画で紹介し，初心者でも操作に困らないような配慮がされている点である．動画は「統合 TV」（http://togotv.dbcls.jp/）で確認することができる．統合 TV のトップページの番組カテゴリは以下の通りである（2010 年 10 月末時点, 3.2 節の図 3.6 参照）；
｜DBCLS｜EMBOSS｜English｜Firefox｜IE6｜IE7｜IE8｜commons｜macosx｜presentation｜safari｜winxp｜アミノ酸｜ゲノム｜タンパク質｜パスウェイ解析｜ポータル｜遺伝子｜塩基配列｜化合物｜可視化｜辞書｜疾患情報｜設計ツール｜多型情報｜二次構造｜配列解析｜発現情報｜文献検索｜

また「統合 TV」をさらに整理して，できるだけ短時間で必要な情報にたどり着けるように工夫された「統合 TV Curated」（http://togotv-curated.dbcls.jp/）も用意されている．図 3.47 はこの統合 TV Curated のフロントページである．動画は Web 上で動作する Flash ムービー形式なので特別な機器は必要ない．高画質 QuickTime 版が用意されている動画もある．また，YouTube 版が用意されているので，携帯端末での視聴も可能である．

b. 横断検索

「統合ホームページ」の便利な機能の 1 つとして，ページのトップに配置された「横断検索」があげられる．この検索では入力されたキーワードに対して種類の異なる国内外の約 230 件のデータベースに対して一括検索を行い，その結果を一覧表示してくれるので，それぞれのデータベースサイトに移動してわざわざ検索する必要がない．ま

図 3.47 統合 TV Curated のフロントページ

た，搭載しているライフサイエンス辞書機能を使ってキーワードを自動的に日本語→英語，英語→日本語変換して検索してくれるので，キーワードの入力は日本語でも問題ない．対象データベースとして『蛋白質核酸酵素』（2010年1月で休刊）のバックナンバーや日本農芸化学会，日本生物物理学会の講演要旨などが収録されていることから，日本語で書かれた情報も検索することが可能である．また，特許情報が得られることも大きな特徴である．

図 3.48 に，キーワードを「ミクソコッカス」として横断検索した結果を示す．検索結果は 3174 件（2010 年 10 月末現在）で，メインウインドウには学会要旨（7件）が表示されている．一方，左側のサイドウインドウに示されているように，日本国特許（35件）がヒットしており，これをクリックするとメインウインドウに個別情報が表示され，詳細を PDF で入手することが可能である．また，右側のサイドウインドウにある「Search by PubMed」をクリックすると画面が切り替わり，英語に自動変換（Myxococcus）されたキーワードに対しての PubMed 検索結果が表示される．

c. Jabion

Jabion（ジャビオン）（http://www.bioportal.jp/ja/）は，日本語で微生物学分野を含む生命科学関係の文献情報が検索できるように開発されたポータルサイトで，文部科学省の科学技術振興調整費のサポートを受けて成立し，現在は国立情報学研究所を中心に管理運営されている．このサイトは生命科学研究の専門家を対象にした高度な情報だけでなく，一般向けに生命科学関連のニュースや用語の解説も行っているのが特徴である．

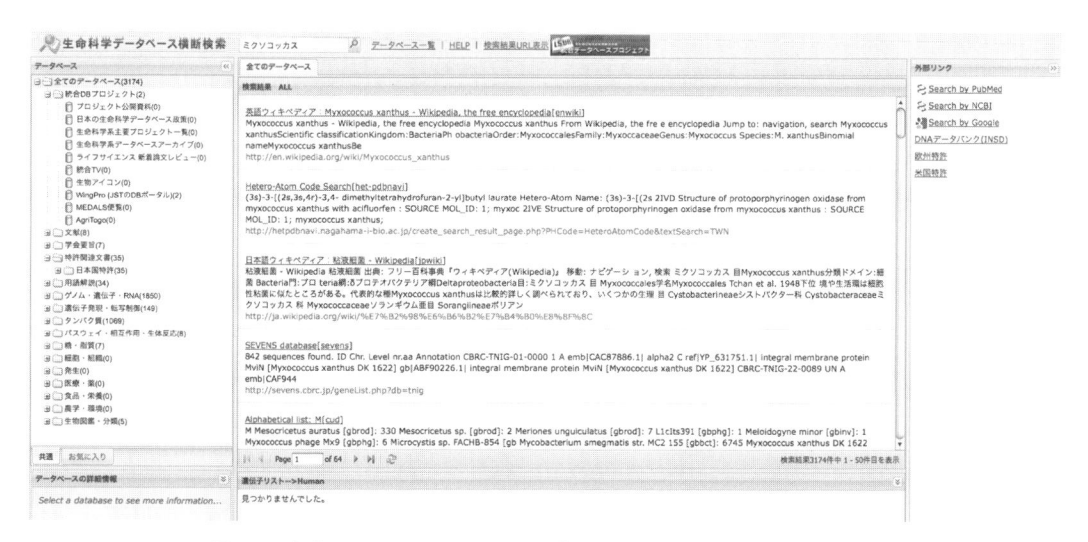

図 3.48 統合ホームページでキーワード「ミクソコッカス」として検索した結果

このサイトの便利な機能として「PubMed日本語検索」を紹介する．これは一般のPubMed検索ではキーワードとして英語のみを受け付けるのに対し，Jabionでは日本語でのキーワード入力が可能である．あやふやな日本語キーワードから適切な英語キーワードを検索することも可能である．また検索結果の表示方法が，年代別順かつ著名な順（被引用回数の多さ）になっているのも特徴である．さらに検索結果は英語表記であるが，カーソルを英単語の上に移動するとその単語の日本語訳が同時に表示される便利な機能を備えている．

d．文献データ管理ソフト

インターネットの普及に伴い，入手できる文献データ（PDF等）の量も飛躍的に増え，それらのデータを効率的に整理・管理するのに苦労している人も見かけるようになった．基本的に文献データもデジタルデータの一種であり，デジタルデータ管理用のいろいろなソフトウエアが開発されているので，これらを文献データ管理に応用している例も多く公表されている．ここでは，文献データ管理に特化したソフトの中から代表的な2つについて紹介する．

（1）EndNote

EndNoteは著名な市販ソフト（トムソン・ロイター社，日本での発売元：ユサコ）であり，文献データ管理にとどまらず，執筆中の論文投稿スタイルに沿った参考文献リスト作成や文中への文献番号の自動付与などの論文作成支援機能も完備しているたいへん高性能なソフトである．昔からのユーザーも多く，使用法などの解説書も多く出版されていることから[5]，詳細はそちらを参照されたい．

（2）TogoDoc

TogoDoc（http://tdc.cb.k.u-tokyo.ac.jp/）は生命科学関係の文献管理およびPubMed論文推薦サービスとして開発された（開元元：ライフサイエンス統合データベースセンター）ツールであり，WindowsおよびMacOSXで動作するフリーソフトである．本ソフトの特徴はPDFファイルを管理する専用のフォルダを設け，その中にPDFファイルを保存していくだけで，自動的に内容を解析して整理する機能をもっていることである．またここで行った解析結果をもとに，新たにPubMedに登録された論文の中から必要と思われる論文を推薦する機能を有しており，論文チェックの時間節約ができる．そのほかにも複数のPCで論文データやファイルを同期できるなど，さまざまな便利な機能を備えている．利用法については統合TV[6]を参照されたい．

e．その他の微生物学分野の有用サイト

（以下に紹介するURLは本節の執筆時点（2010年10月末）のものである．これらは今後変更されることがありうるので，その場合は検索し直す必要がある．）

（1）微生物保存・分譲機関

・American Type Culture Collection（ATCC）：http://www.atcc.org/
・ATCC菌株の分譲サービス［住商ファーマインターナショナル］：http://www.summitpharma.co.jp/japanese/service/s_ATCC.html
・Japan Collection of Microorgnisms（JCM）［理化学研究所バイオリソースセンター］：http://www.jcm.riken.go.jp/JCM/JCM_Home_J.shtml
・製品評価技術基盤機構 生物遺伝資源部門（NBRC）：http://www.nbrc.nite.go.jp/
・日本微生物資源学会：http://www.jscc-home.jp/jscc_strain_database.html
・Fungal Genetics Stock Center（FGSC）：http://www.fgsc.net/

（2）カルタヘナ法関連

・文部科学省「ライフサイエンスの広場」：http://www.lifescience.mext.go.jp/bioethics/anzen.html
・経済産業省「バイオ政策」：http://www.meti.go.jp/policy/bio/main_03.html
・農林水産省「カルタヘナ法関連情報」：http://www.maff.go.jp/j/syouan/nouan/carta/index.html

●コラム● 2010年大学ランキングと学術論文の評価

2010年9月,イギリスの高等教育専門誌 *Times Higher Education* が「世界大学ランキング」を発表しました.

日本勢は最高位の東京大学が26位と振るわず,21位の香港大学に,昨年まで続いていたアジア首位の座を明け渡してしまいました.注目される世界第1位は7年間連続で米国ハーバード大学,以下,第5位までアメリカ勢が独占しました.

日本の大学では,東京大学のほか,京都大学57位,東京工業大学112位,大阪大学130位,東北大学132位と,上位200位以内の大学は昨年の11校から5校に激減してしまいました.一方,中国は,第37位の北京大学をはじめ,アジアで最多の6校が入りました.同誌では今年から大学の評価方法を変えたため,昨年と単純な比較はできませんが,時代の流れと中国の勢いを感じます.今回の日本の大学の評価では,「発表論文が他の研究に与えた影響」に関する評価が低く出たことが大きく影響したようです.一方,ほかのデータもあります.国際高等教育情報機関であるクアクアレリ・シモンズ(Quacquarelli Symonds)社のQS世界大学ランキング(World University Ranking)では,英国ケンブリッジ大学が1位で,ハーバード大は2位でした.日本の大学では東京大学24位,京都大学25位,大阪大学49位,東京工業大学60位,名古屋大学が91位でした.上位10位にランクインしたのはすべて英国および米国の大学となりました.

また,上海交通大学の恒例の世界大学ランキングでは,ハーバード大が8年連続で首位になりました.日本からは東京大学が20位,京都大学が24位,東北大学は84位にランクインしていました.

このように,大学ランキングでも,また学術論文の評価(教員1人あたりの論文引用数)が関係してきました.大学はやはり原著論文などの学術論文の数と質,さらにこれからは特に実学面への応用性が強く問われる時代のようです. 〔齋藤忠夫〕

・環境省自然環境局生物多様性センター:
http://www.biodic.go.jp/
(3) バイオセーフティー関連
・国立感染症研究所病原体等安全管理規程:
http://idsc.nih.go.jp/iasr/28/329/dj3293.html
・厚生労働省「感染症法に基づく特定病原体等の管理規制について」: http://www.mhlw.go.jp/bunya/kenkou/kekkaku-kansenshou17/03.html
・日本バイオセーフティー学会: http://www.nih.go.jp/niid/meetings/jbsa/gakkaiannai03.html

3.6.4 おわりに

ここで紹介したデータベースや研究ツール類は,開発に携わった多くの人々の熱意と苦労の末に構築されてきた研究資産であり,日々データの拡充や操作法の改良など進化を続けている.また,利用対象も微生物学分野の研究に特化したものでなく,広範囲な生命科学分野の研究に利用できるように開発されているので,他の研究分野の方にも活用していただきたい.特に「統合TV」では,微生物学分野だけでなく,ゲノム,塩基配列,タンパク質,パスウェイ解析,遺伝子,化合物,分子モデルの可視化,疾患情報,等々,さまざまな研究ツールの操作法について動画で紹介しており,利用価値は高い.また逆に,他の章で紹介された

内容も微生物学分野の研究に適用できるものが多いので，活用するべきである．

〔阿部直樹・阿部敬悦〕

引用および参考文献（サイト）

1) PubMed 〈http://www.ncbi.nlm.nih.gov/pubmed 〉
2) PubMed Central 〈http://www.ncbi.nlm.nih.gov/pmc/ 〉
3) 統合 TV／PubMed の使い方〜基本編〜 〈http://togotv.dbcls.jp/20100227.html 〉 など（統合 TV のカテゴリ［文献検索］に多くの動画が登録されている）
4) 統合 TV／PubMed Central の使い方 〈http://togotv.dbcls.jp/20100610.html 〉
5) ユサコ株式会社／EndNote 商品案内／参考文献・書籍 〈http://www.usaco.co.jp/products/isi_rs/sanko.html 〉
6) 統合 TV／文献執筆支援ツールの紹介 〈http://togotv.dbcls.jp/20100703.html 〉（PDF ファイルをダウンロードできる）

●付録資料●
学習・研究に役立つオンラインツール

　以下では，農学・生命科学分野の学習や研究に役立つと思われるオンラインツールの一部を紹介する．①提供機関，②有料・無料の別（「有料」は利用には契約が必要である），③言語，および⑤その概要，を記載した．なお，無料で利用可能なものについては④ URL を記載しているが，これらは本書の執筆時点（2010年10月）のもので，今後変更されることがありうることはあらかじめご了承いただきたい．
〔小野寺毅〕

【データベース】
　（1）　全分野（自然科学・社会科学・人文科学全般）
・Web of Science
　　① Thomson Reuters，②有料，③日本語・英語
　　⑤（→　本書 2.3.1 項参照）
・SciVerse Scopus
　　① Elsevier，②有料，③英語
　　⑤世界最大級の書誌・引用文献データベース．世界の 5000 以上の出版社から出版される 18000 以上のタイトルを網羅しており，抄録は最も古いものは 1800 年代まで遡る．ただし参考文献情報に関しては 1996 年以降に出版された論文のみに付与されている．
・雑誌記事索引
　　①国立国会図書館（NDL），②無料，③日本語，④ http://opac.ndl.go.jp
　　⑤国立国会図書館に納品された雑誌の掲載記事・論文について，記事のタイトルや著者名などから検索することができる．日本国内の論文についてはある程度網羅的に調べることができる．
・CiNii（付録図 1）
　　①国立情報学研究所（NII），②無料（一部有料），③日本語，④ http://ci.nii.ac.jp
　　⑤国内の学協会刊行物，大学研究紀要，国立国会図書館の雑誌記事索引データベースなど，国内学術論文情報を収録したデータベース．収録論文には無料一般公開されているものも多い．CiNii は NII が提供する学術コンテンツポータル「GeNii」の一部であり，GeNii（http://ge.nii.ac.jp/genii/jsp/index.jsp）からは他の NII 提供データベースとの横断検索ができる．（→　本書 3.3.3 項 b．，3.6.1 項 b．参照）
・MAGAZINEPLUS
　　①日外アソシエーツ，②有料，③日本語
　　⑤学術雑誌や一般誌，大学紀要，海外の雑誌および新聞を収録した日本最大規模のデータベース．国立国会図書館の「雑誌記事索引」ファイルのほかに，「雑誌記事索引」ではカバーしていない年報類や論文集，一般誌を検索できる．
・Ingenta Connect（付録図 2）

付録図1　CiNii のフロントページ

付録図2　Ingenta Connect のフロントページ

①Ingenta，②無料，③英語，④ http://www.ingentaconnect.com
⑤各出版社から電子ジャーナルを集めた文献情報データベース．収録分野・年代ともに検索可能範囲が広く，初心者でも簡単に操作ができるようになっている．論文単位でのダウンロード購入や，文献複写の依頼ができる．

(2)　自然科学全般
・JDream Ⅱ
　　①科学技術振興機構（JST），②有料，③日本語
　　⑤国内外の科学技術や医学・薬学関係の文献情報を検索できるデータベース．科学技術分野全般を網羅的にカバーしており，学協会誌のほか，会議・論文集，予稿集，企業技報，公共資料なども収録対象となっている．英語の論文にも日本語の抄録が付与されている．
・J-STAGE（科学技術情報発信・流通総合システム）（付録図3）
　　①科学技術振興機構（JST），②無料（一部有料），③日本語
　　④ http://www.jstage.jst.go.jp/browse/-char/ja

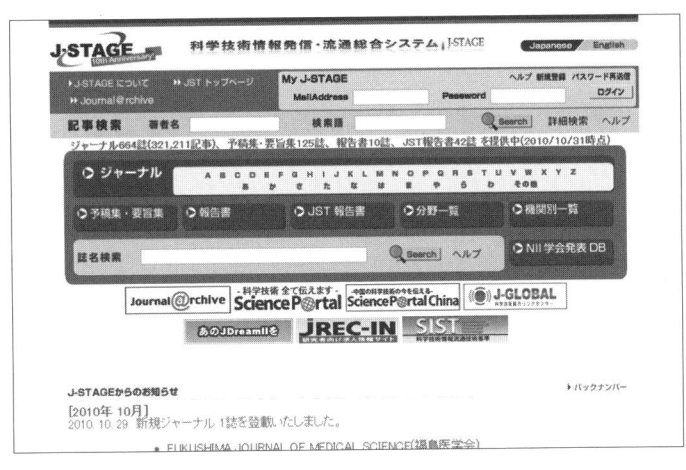

付録図3　J-STAGE のフロントページ

　⑤国内の科学技術情報関係の学協会誌や会議録，報告書，予稿集などの情報を電子化し，広く公開しているシステム．掲載論文の抄録や全文情報を閲覧することができ，大半の雑誌は無料で全文にアクセスできる（全文アクセスは会員や購読者限定としている雑誌もある）．

・Biological Abstracts
　① BIOSIS，②有料，③英語
　⑤生命科学分野における世界最大の文献情報データベース．生命科学に関する全分野をカバーしており，農学，生命工学，環境生物学，植物学，動物学，免疫学，遺伝学のほか，毒物学，病理学，薬理学，実験・臨床医学も含んでいる．4000 誌以上の学術雑誌の索引が収録されており，1969 年以降のものには抄録が登録されている．

・CAB Abstracts
　① CABI Publishing，②有料，③英語
　⑤農業，林業，人間栄養学，獣医学，環境学，生命科学や，その他関連分野の論文・記事の情報と抄録を提供するデータベース．150 ヶ国以上，50 言語以上で発行された文献について索引付けされており，雑誌や図書のほか，会議議事録，レポート，特許などが含まれている．

・NTIS
　① U.S. Department of Commerce，②無料，③英語，④ http://www.ntis.gov
　⑤ 1990 年以降に提出された約 60 万件の米国政府系テクニカルレポート（研究報告書）の情報を無料で検索できる．検索された文献は NTIS から有料で入手可能だが，政府刊行物のため刊行機関のホームページ上などで無料公開されているものも多い．

（3）化　学

・SciFinder
　① Chemical Abstracts Service（CAS），②有料，③英語
　⑤アメリカ化学会（ACS）の CAS が提供する，化学，工学，医学，薬学などの科学情報データベース．キーワードによる文献検索のほかに，構造作図した化学物質検索ができ，それらに関する論文や特許を探すことができる．抄録誌 *Chemical Abstract* のオンライン版．（→ 本書 3.4.2 項 b. 参照）

・SDBS（有機化合物のスペクトル・データベース）
　　①産業技術総合研究所，②無料，③日本語
　　④ http://riodb01.ibase.aist.go.jp/sdbs/cgi-bin/cre_index.cgi
　　⑤おもに有機化合物を対象にして，質量スペクトルや赤外分光スペクトルなど6種類の異なったスペクトルを1つの化合物辞書のもとに収録した総合的なスペクトル・データベース．収録されている有機化合物はおもに市販試薬からのものとなっている．
・JCGGDB（日本糖鎖科学統合データベース）
　　①産業技術総合研究所糖鎖医工学研究センター，②無料，③日本語
　　④ http://jcggdb.jp/index.html
　　⑤国内の糖鎖関連データベースを統合的に検索できるデータベース．複数の大学，研究所のデータベースが参加している．

　(4) 医　学
・MEDLINE
　　① U.S. National Library of Medicine（NLM），②有料（PubMed 除く），③英語
　　⑤世界最大級の医学系データベース．検索は PubMed で行うか，所属機関が契約している有料の検索システムを使って行う（例：OvidSP，MedRodeo 等）．（→ 本書 2.3.2 項参照）
・PubMed
　　① U.S. National Library of Medicine（NLM），②無料，③英語
　　④ http://www.ncbi.nlm.nih.gov/pubmed
　　⑤（→ 本書 2.3.2 項，3.6.1 項 a. 参照）
・医中誌 Web
　　①医学中央雑誌刊行会，②有料，③日本語
　　⑤国内医学論文情報のインターネット検索サービス．医学・薬学・歯学および関連分野の雑誌約 5000 誌から収録した約 630 万件の論文情報を検索することができる．文献には，「医学用語シソーラス」に基づいて主題に沿ったキーワードが付与されており，このキーワードを活用した検索を行うことができる．
・ゲノムネット
　　①京都大学化学研究所バイオインフォマティクスセンター，②無料，③日本語・英語
　　④ http://www.genome.jp/ja/
　　⑤ゲノム情報に関するインターネットサービス．バイオインフォマティクス研究用のデータベース「KEGG 生命システム情報統合データベース」，世界中の主要な分子生物学関連のデータベースを統合的に検索できるシステム「DBGET/LinkDB ゲノムネット統合データベース検索システム」，配列解析やゲノム情報解析，ケミカル情報解析などの「ゲノムネット計算ツール」等から構成される．

　(5) 農　学
・Agris（付録図 4）
　　① The Food and Agriculture Organization（国際連合食糧農業機関，FAO），②無料，③英語，④ http://agris.fao.org

⑤FAOが提供している世界中の農業関係文献の包括的データベース．世界135ヶ国の農業，農学，園芸分野の文献情報を検索できる．
・AGROPEDIA（付録図5）
　①農林水産研究情報総合センター（AFFRIT），②無料，③日本語
　④ http://www.affrc.go.jp/Agropedia
　⑤農林水産試験研究に関するさまざまなデータベースを集約した統合検索システム．AGRISや農林水産省が提供するデータベースをまとめて検索できる．（→ 本書3.3.3項b.参照）
・JASI（農学文献記事索引）
　①農林水産研究情報総合センター（AFFRIT），②無料，③日本語
　④ http://www.affrc.go.jp/db_search/jasi
　⑤国内の農林水産関係の学術雑誌の情報を収録している日本農学文献記事索引をデータベース化したもの．収録範囲は農学一般，農業経営，化学，食料，農業工学，畜産，林学，水産，蚕糸，基礎科学などとなっている．AGROPEDIAで他のデータベースとの横断検索ができる．

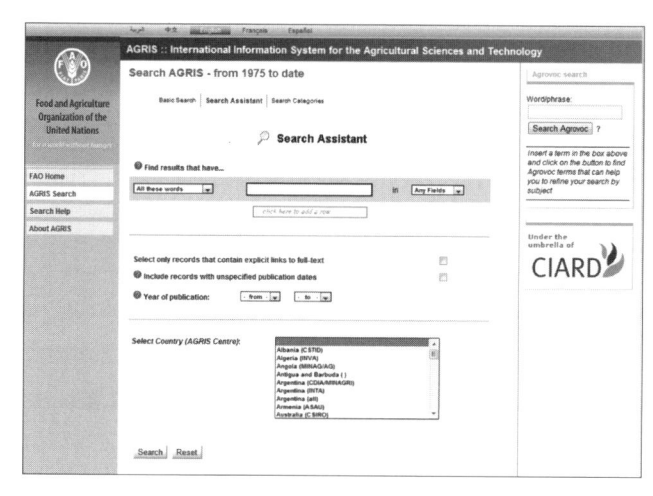

付録図4 Agrisのフロントページ

付録図5 AGROPEDIAのフロントページ

- AGROLib（農林水産研究成果ライブラリ）
    ①農林水産研究情報総合センター（AFFRIT），②無料，③日本語
    ④ http://rms1.agsearch.agropedia.affrc.go.jp/contents/JASI/index.html
    ⑤農林水産省のプロジェクト研究等で得られた研究成果，レポート，研究論文等の全文をデジタル化し公開している．JASIと連携しており，データベースの検索結果からAGROLibの全文を表示することができる．更新はおもに年に1回で，JASIに収録された論文のうち掲載許可を得られたものについて追加される．JASI同様AGROPEDIAで他のデータベースとの横断検索ができる．（→ 本書3.3.3項b.参照）
- AGRICOLA
    ① The National Agricultural Library（米国国立農学図書館，NAL），②無料，③英語
    ④ http://agricola.nal.usda.gov
    ⑤米国農務省（USDA）の米国立農学図書館作成による，農学文献の書誌データベース．1970年以降に出版された農学関連出版物の情報を検索できる．雑誌論文の情報だけではなく，モノグラフ，学位論文，特許なども対象となっており，幅広い農学の文献情報を得ることができる．

(6) 動　物
- Jackson Laboratory Homepage
    ① Jackson Laboratory，②無料，③英語，④ http://www.jax.org
    ⑤アメリカのジャクソン研究所のホームページ．マウスに関する遺伝子，ゲノム，生物学的な情報を調べることができる．
- 動物用医薬品データベース
    ①農林水産省動物医薬品検査所，②無料，③日本語
    ④ http://www.nval.go.jp/asp/asp_dbDR_idx.asp
    ⑤動物用の医薬品を商品名称や主成分，対象動物から検索できる．詳細指定をすれば，一般的名称や承認年月日からも検索できる．
- 副作用情報データベース
    ①農林水産省動物医薬品検査所，②無料，③日本語
    ④ http://www.nval.go.jp/asp/se_search.asp
    ⑤動物用の医薬品に関する副作用を商品名や主成分名、生物学的製剤名から検索できる。報告年月日による絞り込みができる。
- KONCHU（昆虫学データベース）
    ①九州大学大学院農学研究院昆虫学教室，②無料，③日本語
    ④ http://konchudb.agr.agr.kyushu-u.ac.jp/index-j.html
    ⑤日本および東アジア，太平洋地域産昆虫（クモ・ダニ類を含む）に関する種情報を検索できるデータベースへのリンク集．昆虫学文献データベース（KONCHUR），有用昆虫画像データベース，日本産昆虫学名和名辞書などのほか，各種昆虫標本データベースも含まれている．

(7) 水産・海洋
- 水産海洋データベース

①水産総合研究センター，②無料，③日本語，④ http://jfodb.dc.affrc.go.jp/kaiyodb_pub

⑤明治・大正から継続されている日本の水産調査研究により収集されたデータが収録されている．日本周辺海域の海水温など海洋環境，卵・稚仔・プランクトンおよびマイワシ・サバなど浮魚類の魚体測定データなど，生物データについて調べることができる．

・OBIS（Ocean Biogreographic information System）

①ユネスコ政府間海洋学委員会（IOC），②無料，③日本語・英語

④ http://www.iobis.org/ja/home

⑤世界中の海洋生物のデータを検索できるデータベース．海洋生物に関するデータを収集，統合しており，世界規模の海洋生物の分布や生息数を調べることができる．（→ 本書3.2.2項参照）

(8) 食 品

・FSTA（Food Science & Technology Abstracts）

① The International Food Information Service（IFIS），②有料，③英語

⑤世界有数の食品科学，食品技術，また栄養学専門の抄録データベース．1969年以降に出版された4600以上の出版物に掲載された論文記事のインデックス・抄録情報を収録しており，抄録情報とは別に，さらに食品関連のデータを入手できるものもある．雑誌のほか，書籍，特許情報，議事録や規格選別レポートなどを収録している．食物分野全般に加え，バイオテクノロジー，細菌学，食品安全，添加物，栄養，食品の包装に至るまで，食品科学や食品技術に関連する分野を包括的にカバーしている．（→ 本書3.1.2項参照）

・食品成分データベース

①文部科学省，②無料，③日本語，④ http://fooddb.jp

⑤食品成分に関するデータベース．データソースは文部科学省作成の日本食品標準成分表．（→ 本書3.1.2項参照）

【蔵書検索】

(1) 国 内

・NDL-OPAC

①国立国会図書館（NDL），②無料，③日本語，④ http://opac.ndl.go.jp

⑤国立国会図書館の蔵書を検索できる．NDLでは国内で発行された図書や雑誌のほとんどを所蔵している．

・Webcat Plus

①国立情報学研究所（NII），②無料，③日本語，④ http://webcatplus.nii.ac.jp

⑤（→ 本書2.2.1項 b. 参照）

・JST資料所蔵目録

①科学技術振興機構（JST），②無料，③日本語，④ http://opac.jst.go.jp

⑤世界40数ヶ国から網羅的に収集した科学技術分野資料を検索できる．逐次刊行物，技術レポートなどのほか，会議資料，公共資料なども所蔵している．

・農林水産関係試験研究機関総合目録

①農林水産研究情報総合センター（AFFRIT），②無料，③日本語，④ http://library.affrc.go.jp

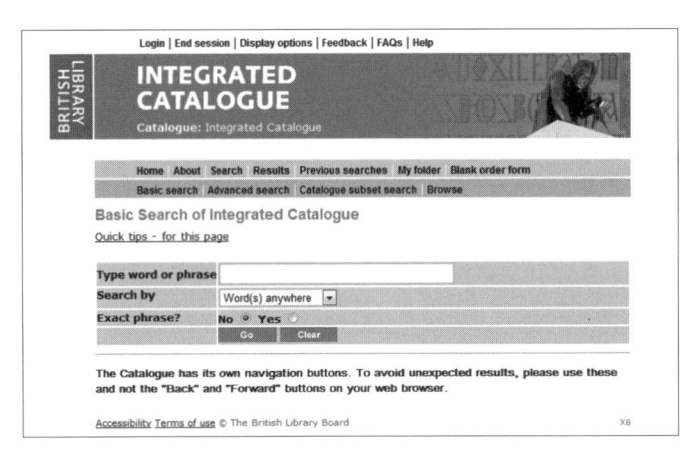

付録図6 Integrated Catalogue のフロントページ

⑤農林水産省所管の試験研究を業務とする独立行政法人の図書室所蔵を調べることができる．AGROPEDIA で他のデータベースとの横断検索ができる．

(2) 海 外
・World Cat
　① OCLC，②無料，③英語，④ http://www.worldcat.org
　⑤（→ 本書 2.2.1 項 b. 参照）
・Integrated Catalogue（付録図6）
　① British Library（BL），②無料，③英語，④ http://catalogue.bl.uk
　⑤英国の国立図書館である BL と，世界最大の文献供給機関である BLDSC（British Library Document Supply Centre）の所蔵をほぼすべて検索できる．検索した資料の複写依頼をすることも可能．
・Library of Congress Online Catolog
　① Library of Congress（LC），②無料，③英語，④ http://catalog.loc.gov
　⑤米国の国立図書館である米国議会図書館の蔵書検索システム．世界最大規模の膨大な数の資料を検索することができる．

【検索エンジン】
・Scirus（付録図7）
　① Elsevier，②無料，③英語，④ http://www.scirus.com
　⑤総合的な科学専用インターネット検索エンジン．分野や著者，日付などで検索対象を絞ることができる．
・Google Scholar（付録図8）
　① Google，②無料，③日本語，④ http://scholar.google.co.jp
　⑤インターネット検索エンジン最大手の google が提供する学術情報に特化した検索エンジン．オンライン上に存在する膨大な学術資料を分野や発行元を問わず簡単に検索できる（2010年10月現在，beta 版となっている）．（→ 本書 3.5.1 項 b. 参照）

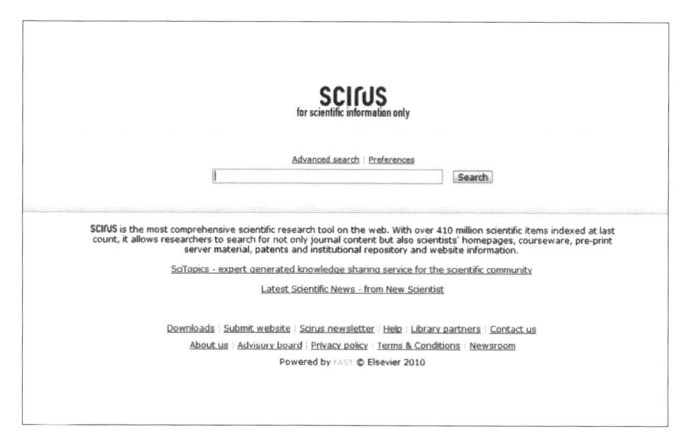

付録図7　Scirus のフロントページ

付録図8　Google Scholar のフロントページ

【機関リポジトリ（横断検索）】

・OAIster

①ミシガン大学，②無料，③英語，④ http://oaister.worldcat.org

⑤オンライン上で無料提供されているデジタルリソースを検索できるポータルサイト．世界中の機関リポジトリ等を横断的に検索できる．（→ 本書1.3.2項 c.の(2)参照）

・JAIRO

①国立情報学研究所（NII），②無料，③日本語，④ http://jairo.nii.ac.jp

⑤国内の学術機関リポジトリに蓄積された学術情報（学術雑誌論文，学位論文，研究紀要，研究報告書等）を横断的に検索できる．「GeNii」の一部であり，GeNii から他の NII 提供データベースとの横断検索ができる．（→ 本書1.3.2項 c.の(2)参照）

【出版情報】

・KAKEN（科学研究費補助金データベース）

①国立情報学研究所（NII），②無料，③日本語，④ http://kaken.nii.ac.jp

⑤文部科学省および日本学術振興会が交付する科学研究費補助金により行われた研究の当初採択時のデータ（採択課題）と研究成果の概要（研究実績報告，研究成果概要）を収録したデータベース．科学研究費補助金はすべての学問領域にわたって幅広く交付されているため，国内における全分野の最新の研究情報を検索することができる．「GeNii」の一部であり，

GeNii からは他の NII 提供データベースとの横断検索ができる．(→ 本書 3.6.1 項 c. 参照)
・博士論文書誌データベース
　　①国立国会図書館・国立情報学研究所，②無料，③日本語
　　④ http://dbr.nii.ac.jp/infolib/meta_pub/G0000016GAKUI1
　　⑤国内の大学等で授与された博士号の学位論文について，標題，著者名，学位の種類等を収録したデータベース．博士課程をもつ大学等のほとんどを網羅しているため，博士論文（学位論文）を包括的に検索することができる．

【統　計】

・e-Stat（政府統計の総合窓口）
　　①統計センター，②無料，③日本語
　　④ http://www.e-stat.go.jp/SG1/estat/eStatTopPortal.do
　　⑤各省庁の統計データを検索，閲覧，ダウンロードすることができる．主要な指標は図表などで見ることができる．(→ 本書 3.6.1 項 c. 参照)

【辞　書】

・日化辞 WEB
　　①科学技術振興機構（JST），②無料，③日本語
　　④ http://nikkajiweb.jst.go.jp/nikkaji_web/pages/top.html
　　⑤科学技術振興機構が作成する有機化合物辞書データベース「日本化学物質辞書（日化辞）」の検索サービス．インターネット上で無料一般公開しており，名称検索，構造検索が可能．(→ 本書 3.3.3 項 c. 参照)
・ライフサイエンス辞書オンラインサービス
　　①ライフサイエンス辞書プロジェクト，②無料，③日本語
　　④ http://lsd.pharm.kyoto-u.ac.jp/ja/service/weblsd/index.html
　　⑤英和・和英表現やシソーラス，英語共起表現などを検索できるほか，オンライン上で英文テキストのスペルチェックをすることができる．

【その他】

・ReaD（研究開発支援総合ディレクトリ）
　　①科学技術振興機構（JST），②無料，③日本語，④ http://read.jst.go.jp
　　⑤国内の大学・公的研究機関等に関する機関情報，研究者情報，研究課題情報，研究資源情報を網羅的に収集・提供しているサイト．研究者，研究機関，研究課題，研究資源に関する情報を検索できる．
・失敗知識データベース
　　①科学技術振興機構（JST），②無料，③日本語，④ http://shippai.jst.go.jp/fkd/Search
　　⑤科学技術分野の事故や失敗の事例を分析し，得られる教訓とともにデータベース化しており，キーワードで失敗事例を探すことができる．

※この付録資料作成には，以下の Web ページを参考にした．
1) 国立国会図書館：リサーチ・ナビ 〈http://rnavi.ndl.go.jp/rnavi/ 〉
2) 東北大学附属図書館：東北大学附属図書館ホームページ 〈http://tul.library.tohoku.ac.jp/ 〉
3) 東北大学附属図書館農学分館：東北大学附属図書館農学分館リンク集 LINK PLUS
 〈http://www.library.tohoku.ac.jp/agr/sub/link02.html/ 〉
4) 東京農工大学附属図書館：科学技術情報検索の実際 〈http://www.biblio.tuat.ac.jp/text/2005/html/ 〉

索　引

欧　文

AGRICOLA　44, 86, 114
Agris　112
AGROLib　67, 114
AGROPEDIA　67, 113
A-index　97
AlgaeBase　57
AND 検索　23

Biological Abstracts　111
BIOSIS　85
BOAI　17

CAB Abstracts　111
CD-ROM　14, 22
Census of Marine Life　52
Census of Marine Zooplankton　55
CiNii　44, 67, 86, 101, 109

e-Gov　69
Encyclopedia of Ocean Sciences　51
EndNote　49, 106
EndNote Web　81
e-Stat　69, 118
Evernote　83

FAO　58
FAOSTAT　69
FSTA　44, 115

GeNii　44, 67
g-index　97
Google Scholar　18, 86, 116
Google リーダー　80

hg-index　97
h-index　96

ILL　13
Ingenta Connect　109
Integrated Catalogue　116
ISI Web of Knowledge　25, 86

Jabion　105
Jackson Laboratory Homepage　114

JAIRO　18, 44, 67, 117
JASI　113
JCGGDB　112
JDream II　110
J-STAGE　110
JST 資料所蔵目録　115

KAKEN　44, 67, 101, 117
Keynote　50
KJ 法　71
KONCHU　114

Library of Congress Online Catolog　116

MAGAZINEPLUS　109
MEDLINE　21, 22, 28, 42, 112
MeSH　29, 33
MRV　47

NACSIS-CAT　13
NACSIS-ILL　13
NACSIS Webcat　66
NDL-OPAC　12, 66, 115
NII-DBR　44
NOT 検索　23
NTIS　111

OAIster　18, 117
OBIS　54, 115
OceanLink　51
OCLC　24
OECD. Stat　69
OPAC　24
OR 検索　23
OvidSP　86

Papers　50
PubMed　28, 42, 86, 99, 112
PubMed Central　30, 99

ReaD　118
Reaxys　78
R-index　97
RSS フィード　80

SciFinder　75, 111
Scirus　116
SciVerse Scopus　109

SCOPUS　86
SDBS　112
Sea Around Us Project　58
SPARC　17

TogoDoc　106

Webcat　86
Webcat Plus　24, 115
Web of Science　18, 25, 98, 109
Web-OPAC　66
World Cat　24, 116

ア　行

アクセプト　6
アブストラクト　5
アラートサービス　79

一次資料　21
一次データベース　100
一次文献（資料）　2
医中誌 Web　112
一致検索　23, 24
遺伝子　90
遺伝子組換え　90
遺伝資源　89
インパクト・ファクター　25, 45, 65, 95, 98
引用　10
引用関係　25
引用のバリエーション　28
引用文献　5, 26, 70, 88
引用文献検索　27

英文校閲　94
エラッタ　61

横断検索　104
オープンアクセス　17
オープンアクセス運動　16

カ　行

下位語　23
外国雑誌センター　13
外来生物法　62
化学情報協会　76
化学書資料館　74

科学論文　1
学位論文　2, 95
学習図書館的機能　12
学術雑誌　2, 3, 64, 78, 103
学術情報　1
学術情報センター　13
学術情報データベース　21, 25
学術団体　37, 102
学術図書　2
学術文献　2
学術論文　1, 2
化合物　74
学会　8
学校図書館　12
カバーレター　95
カルタヘナ法　106
完全一致検索　24
関連文献　27

機関リポジトリ　17, 18
きまぐれ生物学　52
キーワード　22

結果　5, 87
ゲートキーパー　2
ゲノム解析ツールリンク集　59
ゲノム情報　90
ゲノムネット　112
研究開発支援総合ディレクトリ　118
研究機関報告書　4
研究図書館的機能　12, 13
研究の捏造　35
研究論文　1
検索エンジン　10
検索式　10
検索漏れ　22
原著論文　4
　──の構成　4

講演要旨集　2
公共図書館　12
考察　5, 87, 94
構造式　74
後方一致検索　23
国立国会図書館　11, 66, 109, 115
国立情報学研究所　13, 24, 44
国立図書館　11
コーデックス委員会　41
コミュニケーション　4
昆虫学データベース　114

サ 行

財団法人　40
材料および方法　5, 88
索引誌　21
雑誌記事索引　109

雑誌の危機　17
サブヘディング　35
サマリー　5
参考図書　2
参考文献　70

自然語　23
シソーラス　23, 29
実験化学講座　74
実験技術探索　92
失敗知識データベース　118
辞典　66
シノプシス　5
社会科学　63
謝辞　5, 88
ジャーナル　3
重要論文　82
上位語　23
紹介論文　1
情報検索　22
情報の鮮度　7
情報の評価　8
抄録誌　2, 21
食品科学分野　37
食品成分データベース　45, 61, 115
植物遺伝資源　90
植物科学分野　84
植物防疫　90
食料・農業・農村白書　66
緒言　5, 87, 94
所属機関名　4
シリアルズ・クライシス　17
新規性　10
新規性調査　75
審査雑誌　4
人的なネットワーク　8
侵入生物データベース　62
新聞記事　8
信頼性　9

水産海洋データベース　114
水産科学分野　51
水産食品の寄生虫検索データベース　62
政府刊行書籍検索　67
生物分類表　52
世界大学ランキング　107
セルフアーカイブ　17
先行研究　10
全文検索機能　83
前方一致検索　23
専門図書館　12

総合目録ネットワークシステム　66
蔵書検索　24
総説　2, 79
総被引用数　96

藻類講座　57
総論文数　96
速報　2

タ 行

大学紀要　4
大学図書館　12, 16
探索誌　2

地域農林経済研究　64
中間一致検索　24
著者名　4

訂正広告　61
デジタル資料　13
電子ジャーナル　14, 79
電子情報ブラウズ　103
電子図書館　14

統計書　65
統合 TV　51, 104
統合 TV Curated　104
統合データベース　103
糖鎖関連データベース　112
盗作　10
統制語　23, 29, 33
統制語彙集　23
動物用医薬品データベース　114
盗用　10, 35
特定保健用食品制度　41
図書館　11
図書館学の五法則　11
図書館資料　13
図書館相互貸借　13
図書館ポータル　15
特許出願　38
特許電子図書館　45
特許文献　2
トムソン・ロイター引用栄誉賞　18
トランケーション　23
トランケーション記号　23

ナ 行

二次資料　21
二次データベース　21, 100
二次文献　2
二重投稿　6
日化辞 WEB　118
日本化学物質辞書　118
日本学術会議　37
日本学術会議協力学術団体　37
日本糖鎖科学統合データベース　112
日本の海藻百選　57

ノイズ　22

農業経営研究　64
農業経済学分野　63
農業経済研究　64
農業政策　64
納本図書館　12
農林業センサス　69
農林水産関係試験研究機関総合目録　115
ノート　4

ハ　行

バイオセーフティー　107
ハイブリッド図書館　15
博士論文書誌データベース　118
パスファインダー　16
反応検索　76
反応式　77

被引用情報　18, 87
被引用半減期　45
被引用文献　26
微生物学分野　99
微生物保存・分譲機関　106
百科事典　21
表題　4

副作用情報データベース　114
副標目　35
部分一致検索　23

部分構造　75, 77
フルペーパー　4
フルペーパーの構成　4
プロシーディング　2
プロトコール集　92
文献管理ソフト　81
文献情報の共有　82
文献整理　48
文献調査法　73
文献複写　13
文献ブラウズ　102

ペーパー　4

ぼうずコンニャクの市場魚貝類図鑑　57

マ　行

見えざる大学　2
見落とし　9

網羅性　9, 84
目次速報誌　22
モデル植物　90

ヤ　行

有機化学分野　74
有機化合物のスペクトル・データベース　112

要旨　4

ラ　行

ライフサイエンス辞書オンラインサービス　118
ランガナタン　11

リジェクト　6
リテラシー　15, 72
リモートアクセス　15
リンチ　18

レター　4
レビュアー　6
レフリー　4, 6
レフリー・ジャーナル　4
レフリー制度　4, 6
連想検索　24

論文捏造　61
論理演算　23
論理演算子　23
論理差　23
論理積　23
論理和　23

編著者略歴

齋藤忠夫
(さいとうただお)

1952年　東京都に生まれる
1982年　東北大学大学院農学研究科博士
　　　　課程修了
現　在　東北大学大学院農学研究科教授
　　　　農学博士

農学・生命科学のための
学術情報リテラシー　　　　　定価はカバーに表示

2011年9月20日　初版第1刷

編著者　齋　藤　忠　夫
発行者　朝　倉　邦　造
発行所　株式会社　朝　倉　書　店
　　　　東京都新宿区新小川町6-29
　　　　郵便番号　162-8707
　　　　電　話　03(3260)0141
　　　　ＦＡＸ　03(3260)0180
　　　　http://www.asakura.co.jp

〈検印省略〉

Ⓒ 2011〈無断複写・転載を禁ず〉　　壮光舎印刷・渡辺製本

ISBN 978-4-254-40021-2　C 3061　　Printed in Japan

早大 桜井邦朋著	半世紀余りにわたる研究生活の中で、英語文および日本語文で夥しい数の論文・著書を発表してきた著者が、自らの経験に基づいて学びとった理系作文の基本技術を、これから研究生活に入り、研究論文等を作る、次代を担う若い人へ伝えるもの。

アカデミック・ライティング
―日本文・英文による論文をいかに書くか―

10213-0 C3040　　B5判 144頁 本体2800円

D.E.&G.C.ウォルターズ著 文教大 小林ひろみ・立教大 小林めぐみ訳	科学的・技術的な情報を明確に、的確な用語で伝えると同時に、自分の熱意も相手に伝えるプレゼンテーションのしかたを伝授する書。研究の価値や重要性をより良く、より深く理解してもらえるような「話し上手な研究者」になるための必携書

アカデミック・プレゼンテーション

10188-1 C3040　　A5判 152頁 本体2600円

高橋麻奈著

入門テクニカルライティング

「理科系」の文章はどう書けばいいのか？ベストセラー・ライターがそのテクニックをやさしく伝授〔内容〕テクニカルライティングに挑戦／「モノ」を解説する／文章を構成する／自分の技術をまとめる／読者の技術を意識する／イラスト／推敲／他

10195-9 C3040　　A5判 176頁 本体2600円

岡山大 河本 修著

論文要旨にみる 英語科学論文の基本表現

論文要旨の基礎的な構文を表現カテゴリーの形で示し、その組合せおよび名詞の入れ替えて構築できるよう纏めた書〔内容〕論文題名の表現／導入部の表現／結果の表現／考察の表現／国際会議の予稿で使われる表現／英語科学論文に必要な英文法

10208-6 C3040　　A5判 192頁 本体3400円

核融合科学研 廣岡慶彦著

理科系のための 実戦英語プレゼンテーション

豊富な実例を駆使してプレゼン英語の実際を解説。質問に答えられないときの切り抜け方など、とっておきのコツも伝授する。〔内容〕心構え／発表のアウトライン／研究背景・動機の説明／研究方法の説明／結果と考察／質疑応答／重要表現

10182-9 C3040　　A5判 144頁 本体2700円

核融合科学研 廣岡慶彦著

理科系のための 状況・レベル別英語コミュニケーション

国際会議や海外で遭遇する諸状況を想定し、円滑な意思疎通に必須の技術・知識を伝授。〔内容〕国際会議・ワークショップ参加申込み／物品注文と納期確認／日常会話基礎：大学・研究所での一日／会食でのやりとり／訪問予約電話／重要表現他

10189-8 C3040　　A5判 136頁 本体2700円

核融合科学研 廣岡慶彦著

理科系のための 入門英語論文ライティング

英文法の基礎に立ち返り、「英語嫌いな」学生・研究者が専門誌の投稿論文を執筆するまでになるよう手引き。〔内容〕テクニカルレポートの種類・目的・構成／ライティングの基礎的修辞法／英語ジャーナル投稿論文の書き方／重要表現のまとめ

10196-6 C3040　　A5判 128頁 本体2500円

核融合科学研 廣岡慶彦著

理科系のための 入門英語プレゼンテーション
[CD付改訂版]

著者の体験に基づく豊富な実例を用いてプレゼン英語を初歩から解説する入門編。ネイティブスピーカー音読のCDを付してパワーアップ。〔内容〕予備知識／準備と実践／質疑応答／国際会議出席に関連した英語／付録（予備練習／重要表現他）

10250-5 C3040　　A5判 136頁 本体2600円

九州工業大学情報科学センター編

Linuxで学ぶコンピュータ・リテラシー
―KNOPPIXによるPC-UNIX入門―

初心者でもUNIX環境を習得できるよう解説した情報処理基礎教育のテキスト。〔内容〕UNIXの基礎／ファイルとディレクトリ／エディタと漢字入力／電子メール、Webページの利用法／作図・加工ツール／LaTeX／UNIXコマンド／他

12168-1 C3041　　B5判 296頁 本体3000円

前筑波大 生田誠三著

LaTeX 2ε 入門

LaTeX 2εを習得したいがマニュアルをみると混乱するという人のための「これが本当の入門書」。大好評の「LaTeX 2ε文典」とも対応し、必要にして最小不可欠の知識を具体的演習形式で伝授。悩んだときも充実した索引で解消 [多色刷]

12157-5 C3041　　B5判 148頁 本体3300円

日中英用語辞典編集委員会編

日中英対照生物・生化学用語辞典（普及版）

日本・中国・欧米の生物・生化学を学ぶ人々および研究・教育に携わる人々に役立つよう、頻繁に用いられる用語約4500語を選び、日中英、中日英、英日中の順に配列し、どこからでも用語が探しだせるよう図った。〔内容〕生物学一般／動物発生／植物分類／動物分類／植物形態学／植物地理学／動物形態学／動物組織学／植物生理学／動物生理学／動物生理化学／微生物学／遺伝学／細胞学／生態学／動物地理学／古生物学／生化学／分子生物学／進化学／人類学／医学一般／他

17127-3 C3545　　A5判 512頁 本体9800円

上記価格（税別）は 2011 年 8 月現在